Erhard Oeser
Pferd und Mensch

Erhard Oeser

Pferd und Mensch

Die Geschichte einer Beziehung

Einbandgestaltung: Peter Lohse, Büttelborn
Einbandbild: Friedrich der Große und sein Leibroß.
Farbdruck nach Richard Knötel (1857 – 1914) © akg-images

Die Deutsche Nationalbibliothek verzeichnet diese Publikation
in der Deutschen Nationalbibliografie;
detaillierte bibliografische Daten sind im Internet über
http://dnb.d-nb.de abrufbar.

© 2007 by WBG (Wissenschaftliche Buchgesellschaft), Darmstadt
Die Herausgabe des Werkes wurde durch
die Vereinsmitglieder der WBG ermöglicht.
Satz: WMTP GmbH, Birkenau
Gedruckt auf säurefreiem und alterungsbeständigem Papier
Printed in Germany

Besuchen Sie uns im Internet: www.wbg-darmstadt.de

ISBN 978-3-534-19067-6

Inhalt

Vorwort

Dieses Buch ist kein Buch über die Rassen und über die Haltung und Pflege der Pferde. Es ist aber auch keine Kulturgeschichte des Pferdes im üblichen Sinn. Denn wie diese Geschichte bisher geschrieben wurde, war sie vielmehr eine Geschichte des Reiters und Fuhrwerkers. Die weltgeschichtliche und oft kriegsentscheidende Bedeutung des Pferdes, seine bis zur Motorisierung unentbehrliche wirtschaftliche Rolle als Transportmittel und nicht zuletzt auch seine Rolle als Sportgerät und Freizeitvergnügen ließ die Frage kaum aufkommen, wie die Beziehung des Menschen zum Pferd mit den Augen des Pferdes zu betrachten ist. In der millionenlangen Entwicklung des Pferdes nimmt die Geschichte dieser Beziehung nur einen verschwindend kleinen Zeitraum ein. Sie beginnt mit der Domestikation dieses bisher in der freien Natur lebenden Lebewesens, die sein Schicksal von Grund auf verändert hat. Aus den friedvollen geselligen Herdentieren, die vorher in völliger Freiheit und Unabhängigkeit gelebt hatten, wurden Lastenträger, Zugtiere, Kriegsmaschinen und Sportgeräte. Da die Beziehung des Menschen zum Pferd jahrhundertelang fast ausschließlich darauf ausgerichtet war, möglichst großen Nutzen aus ihm zu ziehen, hatte man dieses außerordentliche Lebewesen mit seinen feinsinnigen Gefühlsregungen, reicher Körpersprache und sozialem Verhalten nicht wirklich in seiner eigenen Art verstanden. Obwohl sich bereits in der Antike Autoren wie Xenophon, Plinius oder Columella über die Pferde Gedanken gemacht haben und in der Neuzeit sich Zoologen wie Linné, Buffon und Brehm bemüht haben, einem Verständnis der Wesensart des Pferdes näher zu kommen, ist es noch vor hundert Jahren zu gravierenden Missverständnissen gekommen, die am eindrucksvollsten durch die Geschichte vom Klugen Hans, dem rechnenden Berliner Droschkengaul, belegt sind. Diese Experimente gelten bis heute als das Paradebeispiel für alle misslungenen Untersuchungen tierischer Intelligenz. Erst der modernen Verhaltensforschung ist es einigermaßen gelungen, diesem fundamentalen Mangel an Wissen und Verstehen der Wesenseigenart des Pferdes abzuhelfen. Dazu gehört auch die seit Darwin eifrig untersuchte gesamte Abstammungsgeschichte des Pferdes von ihren frühesten Anfängen vor mehr als 50 Millionen Jahren. Denn unsere heutigen Pferde sind nicht plötzlich aus dem Nichts aufgetaucht. Sie sind aus älteren Lebensformen hervorgegangen und haben sich weiterentwickelt und ihre Merkmale und Verhaltensweisen sind das Erbe einer langen Evolution. Demgegenüber ist die kurze, etwas mehr als vier Jahrtausende währende Geschichte der Unterjochung des Pferdes durch den Menschen ein Prozess der gewaltsamen Anpassung durch Zucht und Dressur, die jedoch das gesellige und friedvolle Wesen dieses edlen Tieres zu seinem eigenen Nachteil nicht zerstören konnten. Die Zuneigung und Begeisterung, ja Leidenschaft, die viele Pferdefreunde gegenüber ihren heute zumeist liebevoll behandelten Gefährten besitzen, sollte jedoch nicht darüber hinwegtäuschen, dass die Geschichte dieser Beziehung zeitweise eine Hölle der Unterdrückung und Grausamkeit war und sogar in mancher Beziehung noch heute so ist.

Wien, im Sommer 2006   Erhard Oeser

Einleitung

Das Pferd steht neben dem Hund und der Katze dem Menschen am nächsten. Diese drei Haustiere werden im Gegensatz zu den anderen domestizierten Tieren, wie Schweine und Rinder, die aus rein wirtschaftlichen Gründen und hauptsächlich zur Nahrungsbeschaffung gehalten werden, als Gefährten des Menschen angesehen. Während sich aber die Katze in ihrer oft lebenslangen Gefangenschaft ihren Freiheitsdrang bewahrt hat (vgl. Oeser 2005), kann man das weder vom Hund noch vom Pferd sagen. Denn beide Arten sind mehr noch als in ihren Lebensbedingungen in ihren Gefühlen und Emotionen vom Menschen völlig abhängig geworden. Pferde können zwar nicht dasselbe Verhältnis zu Menschen haben wie Hunde, die im selben Haus leben. Aber keine andere Beziehung ist so tief wie die zwischen Pferd und Reiter. Auch vermag kein anderes Tier seinem Reiter eine solche Autorität oder sogar Majestät zu verleihen. Deshalb war das Pferd seit jeher der lebendige Thron aller Herrscher und Könige. Es wird bis heute mehr bewundert und geachtet als alle anderen domestizierten Tiere. Aus diesem Grund wurde auch kein anderes Tier so oft abgebildet und in Kunstwerken dargestellt wie das Pferd. Überall auf dieser Welt stehen auf den Plätzen unserer Städte Reiterstandbilde und auf Tausenden von Gemälden bekannter und unbekannter Künstler kann man Pferde sehen und bewundern.

In der Geschichte der Menschheit nimmt das Pferd eine einzigartige Stellung ein. Zivilisationen wurden mit Hilfe des Pferdes geschaffen und wieder zerstört. Transportwesen, Nachrichtenübermittlung, Krieg und auch die Landwirtschaft waren vollkommen abhängig von der Kraft und Schnelligkeit des Pferdes. Während der Hund, der ebenfalls aus der Menschheitsgeschichte nicht wegzudenken ist (vgl. Oeser 2004) und als der älteste Begleiter des Menschen gilt, mit Recht des Menschen bester Freund genannt wird, muss man das Pferd dagegen als seinen besten Knecht bezeichnen (vgl. Morris 2004, S. 7). Denn seit fünftausend Jahren wurden Pferde angeschirrt, zugeritten, mit Peitschen geschlagen und mit Sporen malträtiert. Von allem Beginn ihrer Domestikation an wurden sie unbarmherzig in blutige Schlachten getrieben und zu Tausenden niedergemetzelt. Bis zu den beiden großen Weltkriegen des vergangenen Jahrhunderts hatten sie auf jedem Schlachtfeld der Erde gekämpft und gelitten. Sie mussten Wagen ziehen, schwere Lasten tragen und wurden auf diese Weise oft zu Tode geschunden, um schließlich dann im Schlachthof oder beim Abdecker zu enden.

Was ist der Grund dafür, dass ein solches den Menschen an Kraft und Schnelligkeit überlegenes Lebewesen, das von Geburt her kein Kämpfer, sondern ein nervöses Fluchttier ist, sich von uns mit erstaunlicher Willigkeit so bedingungslos unterjochen lässt? Die Antwort darauf liegt in der angeborenen geselligen Wesensart der Pferde, die ihnen in ihrer Gemeinschaft mit dem Menschen so oft zum Verderben wurde. Als Herdentiere in der freien Natur leben Pferde immer in Gruppen, bei denen der Zusammenhalt und die Zuneigung zueinander das alles beherrschende Gefühl ist. Genau das aber haben die Pferde von allem Anfang an auf den Menschen übertragen, ohne zu ahnen, was sie sich damit im wahrsten Sinn des Wortes aufgeladen haben. Die gesamte wechselvolle Geschichte der Beziehung von Pferd und Mensch lässt sich unter diesen Aspekt betrachten.

Zunächst hat ja der Mensch das Pferd nur mit den Augen eines Raubtiers betrachtet. Sein Hauptinteresse galt dem Fleisch. Als das Beutetier zum Haustier wurde, begann der lange und bis heute andauernde Weg der Knechtschaft und gnadenlosen Ausbeutung. Bereits in den alten Hochkulturen Asiens und Ägyptens wurden Pferde im Krieg und im Transportwesen benutzt. Bei den Griechen und Römern wurden sie nicht nur für den Krieg und die Jagd, sondern bereits für die Wettkämpfe, insbesondere für die beliebten Wagenrennen gezüchtet. Alexander der Große eroberte auf dem Rücken seines sagenhaften Streitrosses Bukephalos ein Weltreich. Mit den Pferden der numidischen Reiter überschritt Hannibal die Alpen. Sie stellten mehr noch als die schwerfälligen Elefanten die eigentliche Bedrohung Roms dar. Caesar stattete bei seinen Eroberungszügen die germanischen Hilfsvölker mit römischen Pferden aus. In Rom wurden die Pferde für die Siegesparaden benutzt und nach ihrem Tod in Prachtgräbern beigesetzt. In der römischen Kaiserzeit saß Caligula mit seinem Leibross Incitatus zu Tisch und ließ ihm in goldenen Schüsseln sein Essen auftragen. Die Geschichte des Mittelalters ist ohne die Pferde der Ritter nicht denkbar. Es war das Zeitalter der Kreuzzüge und fanatisch geführter Glaubenskriege. Für die Pferde dagegen war es die erzwungene Konfrontation zweier Unterarten – die schweren Schlachtrösser und Marschpferde der abendländischen Panzerreiter auf der einen Seite und die leichtfüßigen, flinken Pferde der orientalischen und afrikanischen Reitervölker auf der anderen Seite –, die in blutigen Schlachten gegeneinander getrieben und getötet wurden. Auch die Eroberung Amerikas durch eine Handvoll spanischer Konquistadoren war ohne die Pferde undenkbar. In den unbarmherzigen

Kampf mit Tausenden von eingeborenen Indianern waren sie, wie Cortez selbst angab, wie eine Festung und die einzige Hoffnung lebend davonzukommen. Obwohl die Pferde seit Anbeginn ihrer Zähmung durch den Menschen auf unzähligen Schlachtfeldern zu Tode kamen, trat die große und verhängnisvolle Wende im Kriegsdienst des Pferdes erst mit der Erfindung der Feuerwaffen ein. Noch nie in seiner langen Geschichte wurde das Pferd rücksichtsloser ausgenutzt als im Zweiten Weltkrieg. Das große Pferdesterben dauerte von der ersten bis zur letzten Kriegsstunde.

Aber die Gemeinschaft von Pferd und Mensch, die vor vier- oder fünftausend Jahren begann, ist noch nicht zu Ende. An die Stelle des Kriegs- und Arbeitspferdes sind das Rennpferd und das Freizeitpferd getreten. Und eine neue, bisher unbekannte Aufgabe hat sich für das Pferd auf Grund seiner geselligen und stets hilfsbereiten Art ergeben. Denn immer mehr wird es auch als Therapeut für Behinderte und Helfer in der Erziehung zu menschlicher Partnerschaft eingesetzt.

1. Erste Anfänge einer Wissenschaft vom Pferd

Sieht man von den zoologischen Schriften des Aristoteles und den Büchern der Pferdetrainer und Reitlehrer ab, die von den Hethitern über Xenophon bis zu den Gründern der neuzeitlichen Reitschulen, Grisone, Pluvinel und Guérinière reichen, dann kann man von einer Wissenschaft des Pferdes erst dann sprechen, als es in der Neuzeit zu einer methodisch begründeten Naturgeschichte und einer systematisch geordneten Zoologie kam. Obwohl diese so genannte „hippologische" Literatur der Reitlehrer, insbesondere das Epoche machende Werk von Guérinière, auch grundsätzliche Bemerkungen über Wesen und Natur des Pferdes enthält, war sie doch nur auf den Nutzen des Menschen ausgerichtet und diente dazu, aus dem Pferd ein willfähriges Reit- und Zugtier zu machen, das gerade deswegen auch einer gewissen Pflege bedarf. Daher setzt auch die eigentliche Wissenschaft vom Pferd mit einem Lob seiner Wesenseigenschaften und mit einer Kritik an der Verhaltensweise des Menschen dem Pferd gegenüber ein.

Lob des Pferdes: Buffon und Brehm

„Nie hat der Mensch eine so edle Eroberung gemacht, wie an diesem stolzen und feurigen Tiere, das mit ihm die Mühsale des Krieges und den Ruhm der Kämpfe teilt. Ebenso unerschrocken wie sein Herr, sieht das Pferd die Gefahr und trotzt ihr; es gewöhnt sich an den Klang der Waffen, es liebt ihn, es sucht ihn, es entbrennt mit demselben Feuer. Auch seine Vergnügen teilt es; auf der Jagd, im Turnier, im Rennen glänzt es, funkelt es. Doch nicht minder gelehrsam als mutvoll lässt es sich nicht durch sein Feuer dahinreißen; es versteht seine Bewegungen einzuhalten: nicht allein beugt es sich unter die Hand seines Führers, sondern scheint auch seine Wünsche zu befragen und, stets den Eindrücken gehorchend, die es von dort empfängt, sprengt es dahin, mäßigt es sich oder bleibt stehen; es ist ein Geschöpf, das seinem eigenen Sein entsagt, um nur nach dem Willen eines andern zu leben, das selbst ihm zuvorzukommen weiß, das durch die

Fertigkeit und Genauigkeit seiner Bewegungen ihn ausdrückt und ausführt, das so viel merkt, als man wünscht, und nicht mehr tut, als man will, das, ohne Rückhalt sich hingebend, nicht verweigert, nach all seinen Kräften dient, über die Maßen sich anstrengt und sogar stirbt, um besser zu gehorchen." Buffon, der diese Worte in seinem berühmt gewordenen Monumentalwerk über die Naturgeschichte (Histoire naturelle, 44 Bde., 1749–1804, dt. Übers. 1847, Bd. 5, S. 4) geschrieben hat, gibt damit das wieder, was der Mensch in einer knapp viertausendjährigen Geschichte durch Domestikation aus dem Pferd gemacht hat: ein Lebewesen, das sich trotz seiner überragenden Kraft und Schnelligkeit dem Menschen bedingungslos und oft zu seinem eigenen Verderben unterworfen hat.

Zuvor hat schon der schwedische Naturforscher Carl von Linné vom Pferd eine knappe aber mit Buffons Aussagen vollständig übereinstimmende Charakterisierung geliefert, die noch heute gültig ist. Er bezeichnet das Pferd (*Equus caballus*) als ein „edles, stolzes Tier, außerordentlich stark im Laufen, Lastentragen und sehr geeignet zum Ziehen und Reiten" (Systema Naturae VI, S. 33). Aber anders als Linné, der sich auf diese nüchter-

Abb. 1: Cheval de trait (Zugpferd aus Buffon 1847)

ne Feststellung beschränkt, erhebt Buffon zum ersten Mal in aller Deutlichkeit eine Anklage gegen die Verantwortungslosigkeit des Menschen, mit der er das Pferd von allem Anfang an unterjocht und gequält hat: „Die Sklaverei dieser Tiere ist selbst so allgemein, so alt, dass wir sie nur selten in ihrem Naturzustande sehen; immer sind sie in ihren Arbeiten mit Geschirr bedeckt; nie befreit man sie von ihren Banden, selbst nicht in den Zeiten der Ruhe; und lässt man sie zuweilen frei auf den Weiden umherirren, immer bringen sie dahin mit die Zeichen der Knechtschaft und häufig die grausamen Male der Arbeit und des Schmerzes; der Mund ist von den Falten entstellt, welche das Gebiss hervorgebracht, die Seiten von Wunden zerschnitten oder von Narben gefurcht, die der Sporn verursacht hat, das Horn am Fuße von Nägeln durchbohrt; die freie Haltung des Leibes wird noch durch den fortdauernden Druck der gewöhnlichen Spannketten gestört; umsonst befreite man sie davon, sie würden darum nicht freier sein" (Buffon 1847, S. 5).

Trotzdem, sagt Buffon, geschieht es nie, dass ein zahmes Pferd die Nähe des Menschen verlässt, um sich in die Wälder und Wüsten zurückzuziehen. Im Gegenteil scheinen sie die Sklaverei, die ihnen zur zweiten Natur geworden ist, der Freiheit vorzuziehen. Und er begründet diese Aussage damit, „dass man Pferde gesehen hat, die, verlassen in Waldungen, unaufhörlich wieherten, um sich bemerkbar zu machen, auf die Stimme der Menschen herzu liefen und zu gleicher Zeit und schnell mager und kraftlos wurden, obwohl sie alles in Überfluss hatten, um ihre Nahrung zu wechseln und ihren Hunger zu befriedigen" (Buffon 1847, S. 7).

Nicht so überschwänglich wie Buffon, aber in ähnlicher Weise drückt sich Alfred Brehm in seinem viel gelesenen *Tierleben* über Wesensart und Verhalten des Pferdes aus: „Alle Pferde sind lebendige, muntere, bewegliche, kluge Tiere, ihre Bewegungen anmutig und stolz. Der gewöhnliche Gang der frei lebenden Arten ist ein ziemlich scharfer Trab, ihr Lauf ein verhältnismäßig leichter Galopp. Friedlich und gutmütig gegen andere Tiere, welche ihnen nichts zuleide tun, weichen sie den Menschen und den größeren Raubtieren mit ängstlicher Scheu aus, verteidigen sich aber im Notfalle durch Schlagen und Beißen mutig gegen ihre Feinde" (Brehm 1877, S. 3).

Ausdrucksbewegungen des Pferdes: Darwin

Einen Schritt weiter ist bereits Darwin gegangen, wenn er die Bewegungen und Ausdrucksformen kämpfender Hengste beschreibt: „Wenn Pferde miteinander kämpfen, so brauchen sie ihre Schneidezähne zum Beißen und ihre Vorderbeine zum Schlagen viel mehr als sie ihre Hinterbeine zum Ausschlagen nach hinten brauchen. Es ist dies beobachtet worden, wenn sich Hengste losgemacht und miteinander gekämpft haben; es lässt sich auch aus der Art der Verwundungen schließen, welche sie sich einander beibringen. Ein jeder erkennt das bösartige Aussehen, was das Zurückziehen der Ohren einem Pferde gibt. Diese Bewegung ist von der sehr verschieden, welche ein Pferd macht, wenn es auf etwas hinter sich hört. Wenn ein bös gelauntes Pferd in einem Stalle geneigt ist, hinten auszuschlagen, so werden die Ohren aus Gewohnheit zurückgezogen, obschon es weder die Absicht noch die Möglichkeit zu beißen hat. Wenn aber ein Pferd im Spiel, wenn es z. B. auf ein offenes Feld kommt, oder wenn es nur leise von der Peitsche berührt wird, seine beiden Hinterbeine aufhebt, so zieht es nicht immer die Ohren zurück, denn seine Stimmung ist dann nicht böse" (Darwin 1877, S. 102). Darwin beschrieb aber auch noch andere Ausdrucksbewegungen der Pferde: „Pferde kratzen sich in der Art, dass sie diejenigen Teile ihres Körpers, welche sie mit ihren Zähnen erreichen können, benagen; aber noch gewöhnlicher zeigt ein Pferd dem andern, wo es gekratzt werden möchte und dann benagen sie sich gegenseitig. Ein Freund, dessen Aufmerksamkeit ich auf diesen Gegenstand gelenkt hatte, beobachtete, dass, wenn er den Rücken seines Pferdes rieb, das Tier seinen Kopf vorstreckte, seine Zähne entblößte und seine Kinnladen bewegte, genauso, als wenn es den Rücken eines andern Pferdes benagte, denn es hätte niemals seinen eigenen Rücken benagen können. Wenn ein Pferd stark gejuckt wird, wie es beim Striegeln geschieht, so wird seine Begierde, irgendetwas zu beißen, so unwiderstehlich stark, dass es die Zähne zusammenschlägt und auch, wenn schon nicht mit bösem Willen, den Wärter beißt" (Darwin 1877, S. 41). Dass Pferde auch ihre Erwartungen zum Ausdruck bringen, hat Darwin ebenso erkannt, wie er sich auch über die Leidensfähigkeit des Pferdes bewusst war: „Ist ein Pferd voll Eifer, eine Reise anzutreten, so nähert es sich der gewohnheitsgemäßen Bewegung des Fortschreitens auf die größtmögliche Art dadurch, dass es auf den Boden stampft. Wenn nun Pferde im Stalle gefüttert werden sollen und sie erwarten ihren Hafer ängstlich, so stampfen sie das Pflaster oder das Stroh … Mir hat ein Veterinärarzt versichert, dass er häufig gesehen habe, wie bei Pferden die [Schweiß-]Tropfen von dem Bauche herabfallen und die Innenseite der Schenkel herab rinnen, ebenso an dem Körper der Rinder, wenn diese heftig leiden" (Darwin 1877, S. 41 u. 66).

Frühe Erkenntnisse über Intelligenz und Lernfähigkeit des Pferdes: Scheitlin

Wenn es um die Psyche oder „das geistige Wesen" des Pferdes geht, beruft sich Brehm vor allem auf den Schweizer Naturforscher W. Scheitlin, der bereits 1840, also noch vor dem Erscheinen von Darwins *Entstehung der Arten* im Jahre 1856, eine *Tierseelenkunde* veröffentlichte. In diesem Werk, mit dem Scheitlin den Abgrund zwischen Mensch und Tier überbrücken wollte, nimmt das Pferd eine so hervorragende Stellung ein, die nur noch mit dem Hund zu vergleichen ist, der nach Scheitlin ebenfalls als „ein halber Mensch" angesehen werden kann. „Das Pferd", sagt er, „hat Unterscheidungskraft für Nahrung, Wohnung, Raum, Zeit, Licht, Farbe, Gestaltung, für seine Familie, für Nachbarn, Freunde, Feinde, Mittiere, Menschen und Sachen. Es hat Wahrnehmungsgabe, innere Vorstellungskraft, Gedächtnis, Erinnerungsvermögen, Einbildungskraft, mannigfache Empfindungsfähigkeiten für eine große Anzahl von Zuständen des Leibes und der Seele. Es fühlt sich in allen Verhältnissen angenehm oder unangenehm, ist der Zufriedenheit mit seinem gegebenen Verhältnisse oder aber des Verlangens nach einem anderen, ja selbst der Leidenschaften, der Liebe und des Hasses fähig. Sein Verstand ist groß und wird leicht in Geschicklichkeit umgewandelt; denn das Pferd ist außerordentlich gelehrsam" (Scheitlin 1840, 2. Bd., S. 236).

Obwohl viele Tiere besser sehen und hören als das Pferd, ist seine Wahrnehmungsgabe für nahe Gegenstände ganz außerordentlich, so dass es alle Gegenstände um sich herum genau kennen lernt, womit dann noch ein vortreffliches Gedächtnis verbunden ist. Das ist auch der Grund für seine Sicherheit, einen Weg, wenn es ihn auch nur einmal gemacht hat, wiederzuerkennen. Daher können auch Reiter und Kutscher ruhig schlafen und im tiefsten Dunkel dem Pferde die Wahl des Weges überlassen. „Diese Wahl", sagt Scheitlin, „ist schon vielen betrunkenen Fuhrleuten aufs Beste zustatten gekommen und hat schon Tausenden Leben und Habe gerettet" (Scheitlin 1840, 2. Bd., S. 237).

Neben seinem Ortsgedächtnis spricht er dem Pferd auch einen Zeitsinn zu: „Es lernt im Takte gehen, trotten, galoppieren und tanzen. Es kennt auch Zeitunterschiede im Großen, es weiß ob es Morgen, Mittag oder Abendzeit ist" (Scheitlin 1840, 2. Bd., S. 240). Und er verweist auch mit

einem Beispiel auf die Hilfsbereitschaft des Pferdes sowohl seinen Artgenossen als auch dem Menschen gegenüber: „Ein Pferd, welches in eine
Hausgrube gefallen und wieder heraufgezogen worden war, war sehr er-
schrocken; ein anderes, welches in eine Kalkgrube gesprungen war, ließ
sich willig winden und herausziehen: es wollte den Rettenden helfen ...
Man erzählt vom Pferde Wunderdinge des Verstandes, Gemütes und seiner
tiefen, inneren Natur. Bedenklich stellten sich Pferde über den Leichnam
ihres Herrn, neigten sich über ihn hin, beschauten sein Angesicht lange,
schnupperten es an, wollten nicht von ihm weg, wollten ihm im Tode noch
treu bleiben. Andere bissen in der Schlacht Pferd und Mann ihres Gegners,
als ob auch sie gegen einander kämpfen müssten. Ein Pferd ergriff seinen
betrunkenen Reiter, um ihm wieder hinauf zu helfen; ein anderes wandte
und drehte sich, um es dem im Steigbügel hängen Gebliebenen zu ermöglichen, dass er seinen Fuß herausziehen könne" (Scheitlin 1840, 2. Bd.,
S. 244). „Sowohl seine Wahrnehmungsgabe als auch sein Gedächtnis und
seine Gutmütigkeit befähigt das Pferd Fragen zu beantworten, durch Bewegen mit dem Kopfe Ja und Nein zu sagen, durch Schläge mit dem Fuße
Zahlengrößen der Uhr zu bezeichnen. Es sieht auf die Bewegung der Hände und Füße des Lehrers, versteht die Bedeutung der Schwingung der Peitsche und diejenigen der Worte, so dass es schon ein kleines Wörterbuch in
der Seele hat. Dass der Mensch lernen kann und will nimmt uns nicht wunder, sondern dass das Pferd lernen kann. Man muss wirklich nicht fragen:
Was kann es lernen? sondern was kann es nicht lernen?" (Scheitlin 1840,
2. Bd., S. 239)

An eine dem Menschen ähnliche Intelligenz des Pferdes, die nur durch
eine geringe Ausdrucksmöglichkeit beschränkt ist, hat auch Goethe geglaubt, wenn er sagt: „Das Pferd steht als Tier sehr hoch, doch seine be-
deutende, weit reichende Intelligenz wird auf eine wundersame Weise
durch gebundene Extremitäten beschränkt. Ein Geschöpf, das bei so be-
deutenden, ja großen Eigenschaften sich nur im Treten, Laufen und Rennen zu äußern vermag, ist ein seltsamer Gegenstand für die Betrachtung,
ja man überzeugt sich beinahe, dass es nur zum Organ des Menschen geschaffen sei, um gesellt zu höherem Sinne und Zwecke das Kräftigste wie
das Anmutigste bis zum Unmöglichen auszurichten" (Goethe zit. nach Dechamps 1957, S. 147).

2. Die Schlacht um die Tierseele: Der Kluge Hans und die Elberfelder Pferde

Diese Vorstellung von einer menschenähnlichen Intelligenz des Pferdes hat noch vor hundert Jahren zu einer der seltsamsten und aufregendsten Episoden der Tierpsychologie geführt, die seitdem unter der Bezeichnung „Kluger-Hans-Fehler" bekannt ist und noch heute bei jedem Intelligenztest mit Tieren (Griffin 1985, S. 248) und sogar in der Sozialphilosophie (Seboek und Rosenthal 1981) eine Rolle spielt. „Kluger Hans" war der Name eines Pferdes, von dem der pensionierte Mathematiklehrer Wilhelm von Osten behauptet hatte, dass er ihm nicht nur ein Verständnis der menschlichen Sprache, sondern auch die vier Rechnungsarten und vieles andere mehr beigebracht hätte. Die öffentliche Vorführung dieser Fähigkeiten erregte damals am Beginn des 20. Jahrhunderts ungeheures Aufsehen. Die jahrhundertealte Schlacht um die Tierseele schien mit dem Nachweis, dass ein Pferd buchstabieren, lesen, zählen und sogar rechnen kann, zu Gunsten ihrer Anhänger entschieden zu sein. Die Situation änderte sich aber schlagartig, als es einer wissenschaftlichen Kommission im Jahre 1904 gelang, den Klugen Hans zu „entlarven". Diese „Entlarvung" war auch der Gegenstand einer Jubiläumsfeier, die in der Heimatstadt des Klugen Hans in Berlin im Jahre 2004 stattfand. Dort wurde betont, dass die vor hundert Jahren von den Psychologen Carl Stumpf und Oskar Pfungst durchgeführte Untersuchung des Klugen Hans als „ein Meilenstein in der Geschichte der experimentellen Psychologie" (Prinz 2005) zu betrachten ist. Denn Pfungst wies mit Hilfe neuer Methoden der Messung von Bewegungen nach, dass der Kluge Hans zwar über keine der ihm zugeschriebenen kognitiven Fähigkeiten verfügte, dass aber das Pferd dennoch in einem bestimmten Sinn außerordentlich klug war: Es hatte gelernt, minimale Verhaltenssignale, z. B. einen kleinen Kopfruck, die Personen während der Befragung unwillkürlich aussenden, auszuwerten und dadurch die gestellten Aufgaben scheinbar selbstständig zu lösen. Damit wurde der Kluge Hans auch zu einer Ikone der gegenwärtigen Sozialpsychologie. Im sozialpsychologischen Kontext gelten heutzutage die Geschehnisse um den Klugen Hans als Paradigma für unwillkürliche und unbeabsichtigte soziale Beeinflussung in der menschlichen Gesellschaft (vgl. Rosenthal 1996; Seboek u. Rosenthal

1981). Personen, die miteinander interagieren, sind oft in der Lage, die impliziten Erwartungen, die die anderen im Hinblick auf das eigene Verhalten haben, an deren Verhalten abzulesen – und zwar auch dann, wenn die anderen gar nicht die Absicht haben, diese Erwartungen zu kommunizieren (vgl. Prinz 2005).

Abgesehen von der historischen Frage, wer der eigentliche Entdecker und Entlarver des Klugen Hans war (vgl. Gundlach 2005), stellt sich dennoch die Frage, auf die in den Beiträgen des Berliner Jubiläumssymposiums kaum eingegangen wurde, wie es tatsächlich um die Intelligenz des Klugen Hans oder der Tierseele im Allgemeinen steht. In der Psychologie war man jedenfalls seitdem der Meinung, dass jede Annahme, Tiere könnten höhere geistige Fähigkeiten besitzen, nur zu Demütigung und Schande führen muss (vgl. Coren 1995, S. 97). Die moderne auf der Evolutionstheorie begründete Verhaltensforschung hat jedoch die Frage, ob Tiere denken können (vgl. Griffin 1985), wieder neu gestellt. Wenngleich niemand mehr an die Rechenkünste des Klugen Hans glaubt, ist doch die Erklärung, dass die Klugheit des Pferdes Hans lediglich in der Erfassung und Verwertung minimaler unwillkürlicher Bewegungen des Trainers oder Lehrers besteht, aus heutiger Sicht zu einfach. Auch ging die Schlacht um die Tierseele schon damals noch weiter. Die Frage nach dem „Denken der Tiere" wurde nicht nur von Pferdeliebhabern gestellt, die wie Karl Krall versuchten, die „Entlarver" des Klugen Hans zu entlarven, sondern es war gerade der Erfinder jenes Messapparates, den Oskar Pfungst in seinen Experimenten benutzte, Robert Sommer, Professor der experimentellen und medizinischen Psychologie an der Universität Gießen, der diese neuen Unterrichtsversuche Kralls mit den Elberfelder Pferden ernst nahm und bereits zu einer differenzierteren Ansicht über die Intelligenz der Pferde kam. Es ist daher auch angebracht, nicht nur die Geschichte vom Klugen Hans des Herrn von Osten, sondern auch die von den Pferden des Herrn Krall aus dieser differenzierteren Perspektive zu betrachten.

Das Wunderpferd des Herrn von Osten

Den später so berühmt und berüchtigt gewordenen Rappenhengst hatte von Osten in Russland im Herbst des Jahres 1900 erworben. Zehn Jahre zuvor hatte er bereits ein anderes Pferd trainiert, das zumindest auf Befehl die Zahlen 1 bis 5 durch Scharren mit dem Fuß angeben konnte. Weiter kam jedoch dieser erste Hans nicht. Denn zum großen Leidwesen seines Herrn starb er schon mit fünf Jahren. Der zweite mit Recht so genannte

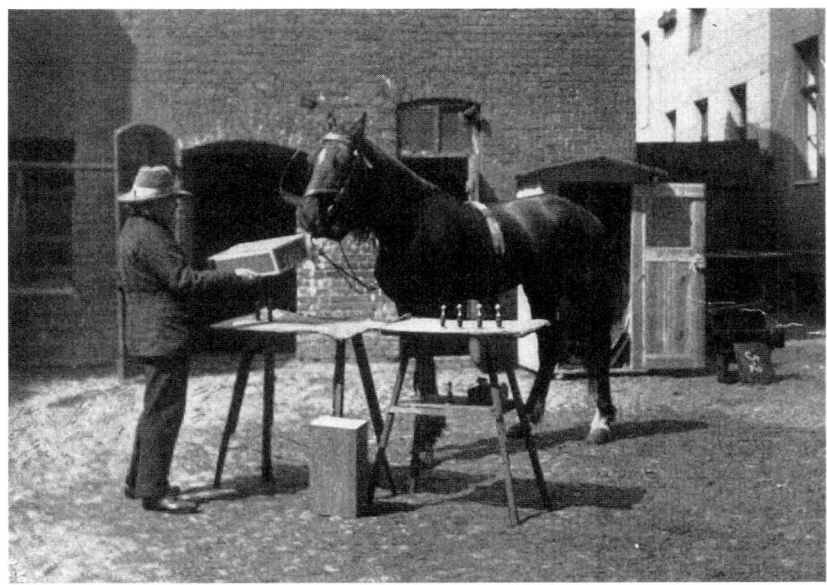

Abb. 2: „Vier und zwei sind sechs!" Wilhelm von Osten bringt dem Klugen Hans
das Rechnen bei (aus Krall 1912)

„Kluge Hans" hatte schon innerhalb eines Jahres eine Reihe von Zahlen,
etwa bis zur Zahl 15, „begriffen". „Begreifen" heißt in diesem Zusammenhang, dass das Pferd auf die ausgesprochenen Zahlwörter mit einer entsprechenden Bewegung des vorderen Fußes reagierte. Nachdem auf diese
Weise Hans nach Verlauf eines Jahres eine Reihe von Zahlen „begriffen"
hatte, begann der Rechenunterricht; er lernte addieren, indem sein Herr
beispielsweise auf den Tisch rechts vier, links zwei Kegel stellte und diese
letzten durch ein Kistchen verdeckte. Dann sagte er: „Hans, vier und zwei
sind sechs;" bei dem Wort „Und" hob er die Kiste hoch und zeigte dem
Pferde, mit hinweisender Handbewegung, die bis dahin verdeckten Kegel.
So lernte der Kluge Hans die Bedeutung des „Und" im Rechnen kennen
(vgl. Abb. 2).

Hans machte glänzende Fortschritte – nach zweijähriger Unterweisung
besaß er Kenntnisse wie noch kein Tier zuvor. Nach Aussage eines damals
berühmten Forschers der afrikanischen Tierwelt und Großwildjägers, C. G.
Schilling, „liest das Tier perfekt, rechnet ausgezeichnet, beherrscht die ein-
fache Bruchrechnung und erhebt Zahlen bis zur dritten Potenz, unterscheidet eine große Reihe von Farben, kennt den Wert der deutschen Münzen,

den Wert der Spielkarten, erkennt Personen nach Photographien, selbst sehr kleinen und nicht einmal sehr ähnlichen, versteht die deutsche Sprache und hat sich überhaupt eine Summe von Begriffen und Vorstellungen angeeignet, die unsern bisherigen Ansichten über die Psyche der Equiden in keiner Weise entsprechen. Das Tier ist heute fähig, beispielsweise militärische Meldungen wie ‚Brücke und Weg sind vom Feinde besetzt‘, nach 24 Stunden noch fehlerlos zu wiederholen und zwar mittels einer genial erdachten Zeichensprache" (zit. aus: Köln. Volkszeitung vom 24. August 1904). Beeindruckt durch die Wiedergabe militärischer Aufträge, die zu den Paradestücken der Vorführungen des Klugen Hans zählte, interessierte sich auch der Stadtkommandant von Berlin, Generaladjutant Graf Kuno v. Moltke (1847–1923) für das famose Pferd, das offensichtlich auch als Meldegänger tauglich sein könnte. Die Vorstellung vom militärischen Nutzen durch Einsatz solcher zählender, lesender, denkender Pferde und weitere Berichte über die unglublichen Intelligenzleistungen des Klugen Hans erregte weit über Deutschlands Grenzen hinaus in aller Welt ungeheures Aufsehen. Bezeichnenderweise waren es gerade die Pferdenarren aus dem militärischen Lager, wie der Generalmajor v. Zobel, die daran glaubten, dass es dem Herrn von Osten gelungen sei, „den Geist des Pferdes zu einer gewissen selbstständigen Tätigkeit zu fördern und auszubilden" (Deutsche Landwirtschaftliche Presse vom 20. August 1904). Ähnlich äußerte sich auch der durch seine Schriften bekannte Pferdeliebhaber Major Richard Schoenbeck, der in den verblüffenden Leistungen des Klugen Hans „eine ganz neue Perspektive auf die Tierseele eröffnet" sah (*Sport im Bild* vom 26. August 1904). Auch der außerordentliche Professor für Philosophie an der Berliner Universität Max Dessoir (1867–1947), der das Pferd mehrfach in Aktion gesehen hatte, war der Meinung „dass es sich keinesfalls um einen groben Schwindel handelt … Eher wäre es möglich, dass dem Tier von seinem Herrn oder von anderen Anwesenden unwillkürlich und unbewusst ein Zeichen gegeben wird, wann es mit dem Zählen aufhören soll." Er habe selber „unwillkürliche Hilfen bemerkt, aber doch keineswegs in allen Fällen". Er empfahl daher, eine wissenschaftliche Kommission einzusetzen, die Versuche anstellen solle, bei denen kein Anwesender die Lösung der Aufgabe weiß (Dessoir 1904, zit. nach Gundlach 2005).

Die Überprüfung des Klugen Hans

Eine solche Kommission trat im September 1904 zusammen. Sie konnte allerdings nicht wirklich als „wissenschaftliche" Kommission gelten, weil sie neben dem Einberufer Stumpf als Psychologen zwar auch einen Psychiater, einen Tierarzt von der Königlich Tierärztlichen Hochschule Berlin, einen Physiologen (Prof. Dr. Nagel, Universität Berlin), zwei Zoologen (Ludwig Heck und Oskar Heinroth) und zwei Pädagogen umfasste, aber ihr noch außerdem der Zirkusdirektor Paul Busch, drei Offiziere und ein Sportsmann angehörten. Wie Stumpf ausdrücklich betonte, beschränkte man sich ausschließlich auf die Frage, „ob bei den Vorführungen des Pferdes des Herrn von Osten Tricks" eine Rolle spielen. Sie sei aber nicht dafür zuständig, ein Urteil über die geistige Selbstständigkeit des Hengstes abzugeben: „Nur von diesem Standpunkt ist auch ihre Zusammensetzung verständlich: denn eine Kommission zur positiven Feststellung des Tatbestandes aus 13 Männern der verschiedensten Vorbildung wäre ja die größte Lächerlichkeit gewesen" (Stumpf zit. nach Krall 1912, S. 28). Das Resultat dieser so bunt zusammengesetzten September-Kommission war, dass es „ganz und gar auszuschließen" sei, dass „bei den Vorführungen des Pferdes des Herrn v. Osten beabsichtigte Hilfen oder Beeinflussungen stattfinden". Sogar das Vorhandensein „unabsichtlicher Zeichen von der gegenwärtig bekannten Art" (Kommissionsgutachten in der *Köln. Volkszeitung* Nr. 764 vom 14. September 1904 zit. nach Krall 1912, S. 310 f.; vgl. auch Wasmann 1905, S. 219) sei auszuschließen, da die Antworten auf die dem Pferd vorgelegten Fragen dem Fragenden oft selbst nicht bekannt sein konnten.

Nach der Erledigung der Trickfrage sollte erst eine zweite, die eigentliche „wissenschaftliche" Kommission die Frage nach den intellektuellen Fähigkeiten des Pferdes beantworten. Dieser Kommission gehörten außer dem Vorsitzenden Stumpf nur seine beiden Assistenten Dr. E. von Hornbostel als Schriftführer und cand. phil. et med. Oskar Pfungst an, der das Experimentieren mit dem Pferd vornahm. Das Resultat dieser Untersuchungen wurde in einem von Stumpf selbst verfassten Gutachten in der *Kölner Volkszeitung* Nr. 1024 A vom 9. Dezember 1904 veröffentlicht: „Das Pferd versagt, wenn die Lösung der Aufgabe keinem der Anwesenden bekannt ist, beispielsweise wenn ihm geschriebene Ziffern oder zu zählende Gegenstände so dargeboten werden, dass sie den Anwesenden, vornehmlich dem Fragesteller, unsichtbar bleiben. Es kann also nicht zählen, lesen und rechnen. Es versagt ferner, wenn es durch genügend große Scheuklappen verhindert wird, die Personen, denen die Lösung der Aufgabe bekannt ist, vornehmlich den Fragesteller, zu sehen. Es bedarf also optischer Hilfen. Diese Hilfen brauchen aber – und hierin besteht das Eigentümliche und Interessante dieses Falles – nicht absichtlich gegeben zu werden. Der Beweis liegt schon darin, dass das Pferd außer Herrn v. Osten in dessen Abwesenheit einer größeren Zahl von Personen richtige Antworten gegeben hat, dass speziell Herr Schillings und später Herr Pfungst, nachdem sie sich einige Zeit mit dem Pferde beschäftigt hatten, regelmäßig richtige Antworten erhielten, ohne sich irgendeines Zeichens bewusst zu sein. Diesen Tatsachen entspricht, so viel ich sehe, nur eine Vorstellung von der Sache: Das Pferd muss im Laufe des langen Rechenunterrichts gelernt haben, während seines Tretens immer genauer die kleinen Veränderungen der Körperhaltung, mit denen der Lehrer unbewusst die Ergebnisse seines eigenen Denkens begleitete, zu beachten und als Schlusszeichen zu benutzen. Die Triebfeder für diese Richtung und Anstrengung der Aufmerksamkeit war der regelmäßige Lohn in Gestalt von Mohrrüben und Brot." Entscheidend war jedoch das durch viele Protokolle genau festgehaltene Resultat: Die objektive Bewegungsmessung zeigte stets, dass zuerst der Kopfruck und dann der Rücktritt erfolgten.

Die öffentlichen Reaktionen auf dieses Gutachten unter den wissenschaftlichen Laien waren unterschiedlich. Während die Freunde und Bewunderer des braven Gaules den Mitgliedern der Kommission vorwarfen „absolut keinen Pferdeverstand zu besitzen", auf die „ganze Psychologie pfiffen" und der Meinung waren, dass „die Rehabilitierung des schwer gekränkten Hans nur eine Frage von Wochen sei", feierte die Gegenpartei das Ende einer Tragikomödie, das die wissenschaftliche Welt vor einer Blamage bewahrt hat. Trotzdem war es der größte Verteidiger der Darwin'schen Evolutionstheorie, der durch sein populäres Buch über die *Welträtsel* bekannte Jenaer Professor Ernst Haeckel, der auch nach der Veröffentlichung des wissenschaftlichen Gutachtens von der Denkfähigkeit des Osten'schen Pferdes überzeugt blieb. Haeckel vertrat ähnlich wie Darwin und Brehm die Ansicht, dass die Seelentätigkeit des Menschen von derjenigen anderer Säugetiere nur graduell verschieden ist. Sein Eintreten für die Denkfähigkeit des Klugen Hans hatte schon zuvor die boshafte Bemerkung hervorgerufen, dass man ihm als voraussetzungslosen Anhänger des Darwinismus das ruhig zutrauen dürfe. „Bloß würden wir uns etwas genieren, uns die Welträtsel von einem Vierfüßler lösen zu lassen" (Germania 193 vom 24. August 1904). Für den größten Gegner Haeckels unter den Zoologen, den durch seine Forschungen über das *Seelenleben der Ameisen und der höheren Tiere* (1897) bekannten Jesuiten Erich Wasmann war dagegen das Resultat der Untersuchungen der wissenschaftlichen

Kommission das „Todesurteil über die eigene Denkfähigkeit des Tieres".
Und er sah in dem Gutachten Stumpfs den „Nekrolog des klugen Hans"
(Wasmann, S. J. 1905, S. 222 und 225).

Rehabilitierungsversuche des Klugen Hans

Dieses Todesurteil der wissenschaftlichen Kommission über die selbststän-
dige Denkfähigkeit des Klugen Hans war jedoch nach Meinung des gebil-
deten Geschäftsmannes und Pferdeliebhabers aus Elberfeld, Karl Krall, der
zugleich ein Anhänger von Scheitlins Tierseelenkunde war, nur deswegen
in dieser vernichtenden Form zustande gekommen, weil der wissenschaftlichen Kommission jedes Verständnis für das Wesen des Pferdes fehlte.
Das lässt sich deutlich genug aus den Worten von Pfungst erkennen:
„Gleich allen schlechten waren auch die dem Hengste zugeschriebenen guten Charaktereigenschaften nichts als täuschender Schein … Er glich vielmehr ganz und gar einer Maschine, die immer erst in Gang gesetzt und
durch häufige Zuführung von Heizmaterial (Brot und Mohrrüben) in Betrieb erhalten werden musste" (Pfungst 1907, S. 143).

Krall war es auch, der Zweifel daran hegte, ob die Annahme „unwillkürlicher Zeichen" die Frage nach der Intelligenz des Pferdes endgültig ge-
klärt hatte. Er setzte daher mit dem enttäuschten Herrn von Osten die Versuche fort. Mit der Art, wie Herr von Osten nach diesem niederschmettern-
den Urteil sein Pferd behandelte war jedoch Krall auch nicht
einverstanden. Bei aller Bewunderung für den alten Herrn, den er als den
Kopernikus der Tierpsychologie ansah, weil dieser „die Anschauung von
der geistigen Alleinherrschaft des Menschen" zu Fall gebracht hatte, lieferte er eine äußerst kenntnisreiche wie auch kritische Charakterstudie sowohl über den Lehrer als auch über dessen Pferdeschüler, die das Verhältnis von Pferd und Mensch in dieser Situation auch einmal von Seiten des
Pferdes betrachten lässt. Denn Krall war der Erste in diesem Streit um die
Intelligenz des Klugen Hans, der auch auf die „emotionalen" Eigenschaften des Pferdes einging. Das Äußere des Tieres wurde zwar von Pferdekennern nicht gerade als hervorragend eingeschätzt. Durch manche Eigenschaften, seine glänzend tiefschwarze Farbe und wellige Mähne, seinen
langen Schweif und seine lebhaften Bewegungen machte es aber auch
noch in späteren Jahren auf den Laien einen bestechenden Eindruck. Es
war von großer Reizbarkeit, wie sie bei jüngeren Hengsten häufig vorkommt, und von „sanguinisch-cholerischem Temperament", das sich oft
stürmisch äußerte. Trotzdem machte der Hengst bei der geistigen Arbeit

Abb. 3: Der Kluge Hans nach der Übernahme durch Krall im Jahre 1910
(aus Krall 1912)

oft einen teilnahmslos gleichgültigen Eindruck. Wenn es aber gelungen war, ihn anzuregen, war man überrascht von dem verständigen Ausdruck seiner Augen, die „in auffallender Schönheit erglänzten und die verschiedenen Seelenstimmungen getreu widerspiegelten". Je nach dieser Stimmung wechselten die Leistungen in hohem Maße. Während sich der Hengst beim Unterricht oft genug eigenwillig und widersetzlich zeigte, war sein Wesen im Übrigen gutmütig, ja liebenswürdig (vgl. Krall 1912, S. 13 f.).

Weniger ansprechend war dagegen die Schilderung der Charaktereigenschaften, die Krall von Herrn von Osten lieferte. Er konnte sich dabei auch auf Professor Stumpf berufen, der bereits die schroffen Gegensätze im Charakter des alten Mannes erkannt hatte: „Ehemaliger Mathematiklehrer am Gymnasium und dabei zugleich passionierter Jäger und Reiter, höchst geduldig und höchst jähzornig, liberal in der Überlassung des Pferdes während tagelanger Abwesenheit und wieder tyrannisch in der Aufdrängung törichter Bedingungen, scharfsinnig in der Unterrichtsmethode und doch ohne Verständnis für die elementarsten Forderungen wissenschaftlicher

Untersuchung – das alles und noch viel mehr geht in seiner Seele zusammen" (Pfungst 1907, S. 15).

Wie Krall selbst feststellen musste, hatte von Osten besonders nach dem vernichtenden Urteil der Kommission über die geistigen Fähigkeiten seines Schülers seine noch von Stumpf gerühmte Geduld völlig verloren: „Eine einzige falsche Antwort konnte genügen, ihn in Wut zu versetzen; er regte sich beim Unterricht in einer Weise auf, dass er zum Schlusse oft genug in schmerzgekrümmter Haltung sein Schicksal verwünschte" (Krall 1912, S. 68). Auch nach jahrelanger Bekanntschaft und Zusammenarbeit mit dem Pferd fehlte ihm jedes mitfühlende Verständnis für die seelischen Äußerungen seines Schülers. Er hatte für sein Pferd nie ein freundliches Wort, nie eine Liebkosung. Er erkannte auch nicht die deutlichen Zeichen von Langweile, die Hans bei dem stundenlangen, meist sehr eintönigen Unterricht zu erkennen gab. Obwohl Hans ein vorzügliches Gedächtnis und ebenso eine erstaunliche Verständigkeit zeigte, wurde er noch nach acht Jahren so unterrichtet, als hätte er niemals Beweise seiner Fähigkeiten gegeben. Die Wiederholungen gingen ins Endlose und minderten seine manchmal nicht allzu starke Arbeitslust. Anmaßend und herrschsüchtig bis zum Übermaß, versuchte der ehemalige Mathematiklehrer den Willen des Pferdes dadurch zu brechen, dass er eine falsch gezählte Zahl zur Strafe zwanzig bis dreißig Mal hintereinander wiederholen ließ. Man kann sich denken, wie das arme Pferd durch solch absurde Anforderungen unwillig und aufsässig wurde. Das ging soweit, dass nach Kralls Meinung der eigenwillige Hengst, wenn er mit Zählen und Rechnen gelangweilt wurde, derartigen Befehlen einen hartnäckigen Widerstand entgegensetzte, der häufig in absichtlich falsch gegebenen Antworten zum Ausdruck kam. Das war auch der Grund, warum von Osten seinen Hans schließlich „aus voller Seele" hasste: „Ist dieser Verbrecher" – so schrieb er Krall am 26. April 1907 – „schlechter Laune, was sehr häufig der Fall ist, so nützt alles nichts. Dieses entartete Vieh besitzt wenig guten Willen und ist, trotzdem es sehr viel gelernt hat, dumm … Das einzige, was an ihm gut ist, ist sein großer Beobachtungssinn. Denkfaul und scheu vor jeder Anstrengung, versagt Hans sofort, wenn etwas Neues vorgenommen werden soll. Dieser englische Satan zählt bis 50 und ein anderes Mal kann er gar nicht zählen. Es ist immer eine gefährliche Sache, jemand zum Besuch einzuladen, meist wird dann nichts. Ich hasse nichts mehr als diesen ausgetragenen Halunken" (Krall 1912, S. 71).

Die hohe Reizbarkeit des Hengstes erhöhte noch diese Schwierigkeiten. Manchmal genügte schon die Bewegung eines schaukelnden Bindfadens, das Geräusch einer leise klirrenden Halfterschnalle, um ihn sofort aufgeregt und scheu zu machen. In wilden Sätzen, sich selbst und alle Anwesenden gefährdend, sprengte er dann Funken stiebend über den Hof. Dazu kamen die unzählbaren Störungen, wie sie der Lauf des Tages mit sich brachte: „Das Kommen und Gehen von Personen, das Ausklopfen der Teppiche, die Klänge einer vorüberziehenden Drehorgel, spielende Kinder, Stimmen und Geräusche aus der Umgebung, die den Unterricht oft genug beeinträchtigten und die Aufmerksamkeit des Hengstes ablenkten. Auch die maßlose Ungeduld des Meisters wirkte aufregend, wenn er unaufhörlich auf das empfindliche und erregte Tier einwetterte, dass die Nachbarhöfe rings von der schrillen Stimme widerhallten" (Krall 1912, S. 72). Tagelang, eine volle Woche hindurch, konnte Hans fast völlig versagen. Zu all diesen Übelständen kamen noch die besonders nach dem für seinen Besitzer enttäuschenden Gutachten immer schlechter gestalteten Lebensbedingungen des Pferdes. Seine körperliche Bewegung beschränkte sich auf das Treten und die anderen Bewegungen beim Unterricht. Beim Ausfall des Unterrichts erfolgte bestenfalls ein Rundgang auf dem kleinen Hof der Mietskaserne. Sonst verbrachte der lebhafte Hengst seine Zeit in einem engen, dunklen und morastigen Stallraum, der keinen Abfluss hatte, monatelang nicht gereinigt wurde und deshalb oft von widerlichem Gestank erfüllt war. Unter diesen katastrophalen Verhältnissen verbrachte das vorher so berühmte Wunderpferd die Zeit vom Juni 1904 bis Juli 1909, ohne jemals den engen Hofraum zu verlassen. Auch war die Ernährung ungenügend und es fehlte jede Art von Pflege. Zu Beginn des Winters wurde dem Pferde eine Decke aufgelegt, die bis zum Frühjahr liegen blieb. Beim Abnehmen waren die ausgefallenen Winterhaare zu einem dichten Pelz verfilzt. Die unglaubliche Verwahrlosung des Pferdes zeigte sich auch an dem „Weichselzopf", der sich in der nie gekämmten Mähne bildete. Vor allem war es auch der Mangel jeglicher Haut- und Hufpflege, wodurch das Tier litt.

Trotz dieser widrigen Umstände, bei denen sich der Hengst vielfach als arbeitsunlustig und widerstrebend erwies, und obwohl der alte erfahrene und selbstbewusste Meister im Gefühl seiner Überlegenheit nicht ohne weiteres gewillt war, sich den Ratschlägen anderer zu fügen, unternahm Krall den heroischen Versuch, das Urteil der wissenschaftlichen Kommission zu widerlegen. Krall kam es vor allem darauf an, zu untersuchen, ob das Pferd imstande sei, die gewohnten Leistungen zu vollbringen, auch wenn es keinen der Versuchsteilnehmer sehen konnte. Dies war am besten dadurch zu erreichen, dass das Pferd bei diesen neuen Versuchen mit einer großen Scheuklappe ausgestattet war, die auf der einen Seite das Auge und einen Teil seines Kopfes bedeckte. Die Fragesteller standen während der

Versuche in einem Abstand von sechs bis acht Metern seitwärts an der Scheuklappenseite und hatten daher auch keine Möglichkeit, das Pferd durch Zeichen zu beeinflussen. Es war zwar nicht leicht, den unruhigen, reizbaren Hengst mit einer solchen Scheuklappe vertraut zu machen. Dann aber, als dies nach Wochen gelang, beteuert Krall, „erfolgten seine Antworten, obgleich keiner der Versuchsteilnehmer ihm mehr sichtbar war, ebenso richtig und zuverlässig wie früher."

Die rechnenden Pferde des Herrn Krall: Muhamed und Zarif

Die letzten Worte vor dem Tode des Herrn von Osten waren eine Verwünschung seines Hans, dem er die Schuld an dem Missgeschick seines eigenen Lebens gab und dem er in dauerndem tiefem Hass ein „Ende vor dem Mörtelwagen" wünschte. Der Hengst ging jedoch nach einer früheren Bestimmung seines Herrn in Kralls Besitz über und wurde nach einem Zwischenaufenthalt in Düsseldorf nach Elberfeld gebracht, wo er gut versorgt wurde und Gesellschaft von zwei Hengsten arabischer Abstammung – Muhamed und Zarif – bekam. Diesen beiden neu angeschafften Hengsten erteilte Krall regelmäßigen Unterricht im Lesen und Rechnen. Seine Methode unterschied sich von derjenigen, die von Osten angewendet hatte, dadurch, dass er seine Pferde nicht durch sinn- und zwecklose Bestrafungen überforderte, sondern vielmehr die Verständigung durch Klopfen auf zeitsparende Weise vereinfachte. Die entscheidende Abänderung, die das ermüdende Treten bei höheren Zahlen vermeiden sollte, bestand darin, dass Krall seine Pferde darauf trainierte, die Einer mit dem rechten, die Zehner mit dem linken Fuß, entsprechend die Hunderter wieder mit dem rechten, die Tausender mit dem linken Fuß usw. zu bezeichnen. Die Zahl 126 z. B., bei der Hans 126-mal hätte auftreten müssen, benötigte jetzt nur 9 Tritte (6 rechts, 2 links, 1 rechts), wobei die Abwechslung zwischen rechtem und linkem Vorderfuß gleichzeitig einer Ermüdung des Schülers vorbeugte. Die Zahl „0" wurde von ihnen ebenso wie die Antworten „Nein" „Kein" oder „Nicht" durch Wenden des Kopfes von links nach rechts, also durch ein einmaliges ausdrucksvolles „Verneinen" wiedergegeben. Um die Anzahl der Schläge einwandfrei zu erfassen, ließ Krall seine Pferde auf ein schräges „Zählbrett" treten. Das Pferd wurde dadurch ganz von selbst veranlasst, seinen Fuß ordentlich hochzuheben, und die Zahl der Tritte war dann für Auge und Ohr klar und eindeutig wahrnehmbar.

Auf Grund der beim Klugen Hans gemachten Erfahrung ließ Krall in seinem Unterricht keine Langeweile aufkommen. So wurden in jeder Stunde durchweg, um Abwechslung zu schaffen, die verschiedensten „Lehrgegenstände" behandelt: Die Pferde lernten in den ersten Monaten eine Reihe von Befehlen verstehen, die in deutscher und auch in mehreren fremden Sprachen gegeben wurden; sie führten sowohl den mündlichen als auch den schriftlich erteilten Befehl aus, der teils in gotischen, teils in lateinischen, bei Griechisch in griechischen Buchstaben vor ihnen aufgestellt wurde. Sie erlernten sowohl das gesprochene Zahlwort, wie sie auch die mit Kreide an die Wandtafel geschriebene Zahl erkannten, auch wenn diese dabei nicht genannt wurde. Nachdem der Begriff der Zahl, wie sich aus den Antworten ergab, verstanden war, begann die Unterweisung in der Kunst des Rechnens. Nach Kralls Behauptung konnten seine beiden Pferde nach und nach auch schwierigere Rechenaufgaben bis hin zum Wurzelziehen aus siebenstelligen Zahlen begreifen. Sie beantworteten ferner die Frage nach der Zeit, nach Stunde und Minute, zuerst bei einem großen Übungsindikatorblatt, später auch bei einer ihnen vorgezeigten Taschenuhr.

Der Ablauf dieser Lernprozesse gab Krall auch die Gelegenheit zu individualpsychologischen Studien, wie sie bereits von dem berühmten Begründer der Phrenologie Gall nicht nur an Menschen, sondern auch an Tieren durchgeführt worden sind (vgl. Oeser 2002, S. 112 ff.). Im Gegensatz zu von Osten, der ein unkritischer Anhänger der Gall'schen Schädellehre war, legte Krall jedoch viel größeren Wert auf eine differenzierte Beschreibung der unterschiedlichen Verhaltensweisen seiner beiden Pferde, um daraus Rückschlüsse auf ihre seelischen Eigenschaften zu ziehen: „Der jüngere [Hengst], Muhamed, zeigte von Anfang an ein überraschendes Verständnis, so dass er in verhältnismäßig kurzer Zeit selbst schwierigere Aufgaben mit Leichtigkeit bewältigte, auch durch die dabei vorkommenden Irrtümer und Missverständnisse sein selbstständiges Nachdenken zeigend. Zweifellos ist er der Begabtere. Überwiegend feurig, also sanguinisch-cholerisch veranlagt, zeigt er sich reizbar, launenhaft und zeitweilig von stark wechselnden Stimmungen beherrscht. Seine Erziehung bereitete durch die öfter auftretende schroffe Widersetzlichkeit auch späterhin Schwierigkeiten. Ist er aber in guter Arbeitslaune, so offenbart er seine glänzende Veranlagung, eine kaum zu übertreffende Auffassungsgabe sowie ein vorzügliches Gedächtnis. Zarif hingegen zeigte nach den ersten Monaten des Unterrichts keine wesentlichen Fortschritte; namentlich das Zählen und Rechnen schien ihm sichtlich schwerzufallen. Er machte einen phlegmatischen, trotz liebevollster Behandlung manchmal niedergeschlagenen Eindruck. Seine Lust am Lernen steigerte sich jedoch sichtlich mit

Abb. 4: Zarif lernt buchstabieren (aus Krall 1912)

dem Anwachsen der Kenntnisse und gleichzeitig verschwand auch seine seelische Depression. Durch den hohen Grad von Zuverlässigkeit, den Zarif nach Überwindung der ersten schwierigen Monate lange Zeit hindurch bewies, machte er derartige Fortschritte, dass er trotz langsamerer Auffassungsgabe die Leistungen seines Halbbruders Muhamed einholte. Er benahm sich wochenlang gutmütig und sanft, unvermittelt aber konnte bei ihm ein so trotziger Starrsinn ausbrechen, dass eine Bestrafung nicht zu umgehen war, und hierbei zeigte er eine plötzlich ausbrechende Heftigkeit, die manchmal geradezu gefährlich wurde. Zarif ist das, was man beim Menschen ein ‚stilles Wasser‘ nennt. Dieser Umschwung in seinem Wesen ist umso bemerkenswerter, als nicht etwa die Behandlung, die im Übrigen gleichmäßig ruhig und freundlich blieb, daran Schuld trug" (Krall 1912, S. 99).

So kam es, dass Krall bei der überraschenden Veranlagung und anfänglichen Willigkeit seiner Hengste aber nicht zuletzt durch sein behutsames stets freundliches Vorgehen beim Unterricht, bereits in wenigen Monaten Ergebnisse erzielte, zu deren Erreichung Herr von Osten bei seinem Hans Jahre gebraucht hatte.

Überprüfung der Elberfelder Pferde durch Robert Sommer

Kann man Oskar Pfungsts Untersuchung des Klugen Hans als einen „Meilenstein in der Geschichte der experimentellen Psychologie" (Prinz 2005) betrachten, so stellt auch die Überprüfung der Elberfelder Pferde durch Robert Sommer einen Meilenstein in der Geschichte der Vergleichenden Verhaltensforschung dar. Denn dadurch konnten die Einseitigkeiten einer rationalistischen Maschinentheorie der Tiere überwunden werden, ohne die von Pfungst gewonnenen Einsichten über die unwillkürlichen Ausdrucksbewegungen gänzlich zu leugnen. Sommer war es ja auch, der im Jahre 1898 jene Methode zur dreidimensionalen Untersuchung der feinsten Bewegungen der Finger (Sommer 1898, S. 275 ff.) ausgebildet hatte, die Pfungst in seinem Laboratoriumsexperiment in einer modifizierten Form für die Darstellung der unwillkürlichen Kopfbewegungen verwendet hatte. Daher hatte Sommer keinen Anlass „an der Richtigkeit seiner [Pfungsts] Auffassung zu zweifeln" (Sommer 1925, S. 98). Andererseits sah er die Notwendigkeit, „ganz unbefangen" an die wissenschaftliche Nachprüfung der Experimente und Resultate der denkenden Pferde Kralls, bei denen solche unwillkürlichen Zeichen ausgeschlossen waren, heranzugehen.

Für eine solche Überprüfung der Frage, ob diese beeindruckenden Leistungen der Pferde auf wirkliches Rechnen oder auf anderen Fähigkeiten beruhen, konnte er sich mit Recht auf Grund seiner langjährigen Erfahrung als besonders geeignet betrachten. Denn er hatte mit einer von ihm selbst ausgebildeten Methode der Rechenprüfung bei Normalen und Geisteskranken Tausende von Untersuchungsbögen aufgenommen bzw. aufnehmen lassen und die dabei auftretenden Rechenfehler in Bezug auf ihre Qualität und Art der Entstehung geprüft. Diese Untersuchungen hatten ihn einwandfrei zu dem Schlusse geführt, dass man aus der Richtigkeit eines Resultats bei der Prüfung von Rechenleistungen nicht ohne weiteres auf das Vorhandensein eines begrifflichen Rechnens schließen darf. Deshalb hielt er sich für berechtigt, über die Art der Entstehung von Rechenfehlern und richtigen Resultaten, auch bei Tieren, mitzureden.

Sommer wurde daher auch auf Beschluss der Gesellschaft für experimentelle Psychologie von ihrem Vorsitzenden mit der Leitung einer eigens zu diesem Zweck einzusetzenden Kommission betraut. Statt eine vielköpfige Kommission einzuberufen, beschloss Sommer, in eigener Person zusammen mit einem anderen in die Streitigkeiten bisher nicht verwickelten Vertreter der Experimentalpsychologie diese Überprüfung vorzunehmen. Nach seiner Meinung muss man, um zu beurteilen, ob ein richtiges Rechenresultat auf eigentlichem begrifflichem Rechnen oder auf anderen psychologischen Faktoren beruht, genau feststellen, welches Material von optischen oder akustischen Zeichen bei dem Unterricht verwendet worden ist, welche Hilfsmittel benutzt wurden, um richtige Resultate zu erzielen, und wie sich die allmähliche Entwicklung aus dem völlig „ungebildeten" Zustand in diesem Gebiet vollzieht. Aus diesen Gründen war für Sommer die von Krall ausgesprochene Einladung, dem Anfangsunterricht eines neu erworbenen Pferdes beizuwohnen sehr willkommen, weil „wahrscheinlich hierin der Schlüssel für die Erklärung der außerordentlich merkwürdigen Erscheinungen liegt". So erschien er zusammen mit dem Nervenarzt Dr. Hackländer aus Essen-Bredeney am 30. Mai 1914 bei Krall, der den beiden wissenschaftlichen Fachleuten die ersten Anfänge seines Zähl- und Rechenunterrichts mit einem neuen Pferd namens „Edda" vorführte.

Sommers Bericht über diese Vorführung, der in den *Fortschritten der Psychologie und ihrer Anwendungen* (III. Band, 3. Heft vom 27. Febr. 1915) erschien, zeichnet sich nicht nur durch eine penible Protokollführung, sondern auch durch eine unvoreingenommene objektive Darstellung der Vorgangsweise Kralls bei diesen Übungen aus: „Das erste, was bei dem Pferde von mir bemerkt wurde, war die Neigung, auch ohne besondere Aufforderung auf das Brett zu treten, was in der Regel von dem Tiere mit dem rechten Fuße gemacht wird. In sämtlichen nun folgenden Unterrichtsversuchen von Herrn Krall tritt ganz klar dessen Absicht hervor, dieses spontane Treten des Pferdes bei bestimmten optischen, akustischen oder taktilen Reizen in bestimmter Weise auf eine bestimmte Zahl der Tritte zu beschränken. Diese Beschränkung geschieht zunächst in der Weise, dass nach der gewünschten Zahl der Schläge das Bein des Tieres von Herrn Krall, oder bei Treten mit dem linken Fuße von dem an der linken Seite stehenden Pfleger Albert, direkt mechanisch zurückgehalten wird ... Dabei wiederholt Herr Krall dasjenige Wort, mit welchem er eine bestimmte Zahl von Schlägen verbunden haben will, außerordentlich häufig, trotz wechselnder Umgebung mit anderen Redeteilen in stereotyper Weise, während er mit dem Pferde wie mit einem zu unterrichtenden Kinde redet" (Sommer 1925, S. 101).

Bei der Beobachtung dieses Unterrichts konnte Sommer auch feststellen, mit welch außerordentlicher Geduld und Freundlichkeit Krall die Pferde behandelte: „Wer dem Unterricht von Hilfsschulkindern durch eine Reihe von Lehrern beigewohnt hat, wie dies für mich zutrifft, dem fällt sofort die große Ähnlichkeit des pädagogischen Typus zwischen Herrn Krall und den besten Lehrern dieser Art auf. Eine unendliche Geduld, Unermüdlichkeit und begeisterte Hingabe an die Aufgabe mit dem absoluten Glauben an den endgültigen Erfolg tritt außerordentlich deutlich zutage. Wer allein die psychische Arbeitsleistung dieses Mannes während einer solchen Unterrichtsstunde beobachtet hat, wird in ihm vor allem den praktischen Tierpädagogen sehen, von dessen Tätigkeit die endgültigen Resultate in erster Linie abhängen, gleichgültig, wie sie sich psychologisch erklären lassen" (Sommer 1925, S. 101 f.). Kein Wunder, dass bei dieser Behandlung das Pferd außerordentlich zutraulich war: „Während Krall, ich und Dr. Hackländer, mit dem Rücken gegen die Box gewendet, die später zu besprechenden Wurzelrechenaufgaben niederschreiben, kommt es von rückwärts heran und steckt seinen Kopf zwischen Krall und mich, schnuppert an uns beiden ohne jede Scheu herum. Vor das Brett gestellt, fängt es sofort an, mit dem rechten Fuß zu treten, wird von Krall lebhaft gelobt, unter anderem mein Herzchen genannt" (Sommer 1925, S. 105).

Nachdem Sommer und sein Begleiter auf diese Weise das Erlernen der Zahlen und der Grundrechnungsarten verfolgen konnten, hatten sie noch am Schluss die Gelegenheit, den Anfang des viel umstrittenen Wurzelziehens der Pferde mit zu erleben. Die Vorgangsweise war immer die gleiche: Auch hier versuchte Krall mit dem Wort und dem Zahlzeichen die entsprechende Zahl von Schlägen in Verbindung zu bringen. Er schrieb $\sqrt{4} = 2$ an die Tafel. Während er diese Formel aussprach, wobei er immer auf das betreffende Zeichen deutete, ließ er das Pferd zweimal treten, d. h. er arretierte nach dem zweiten Schlag das rechte Bein. Das Erstaunliche dabei war, dass der bereits lange auf diese Weise ausgebildete Muhamed nach längerem Training auch bei siebenstelligen Zahlen die richtige Antwort geben konnte, was allerdings Sommer aus Zeitmangel nicht mehr selbst überprüfen konnte. Immerhin war die Art des Unterrichts schon aus diesem Anfangsunterricht mit dem Pferd Edda zu erkennen: Krall versuchte immer das Wurzelzeichen und die darunter stehende Zahl mit der Zahl des Resultates für das Pferd in Beziehung zu setzen und die entsprechende Zahl von Schlägen auszulösen bzw. deren Reihe an richtiger Stelle zu bremsen. Ob und wie weit das Pferd auf diesem Wege später zu selbstständigem Rechnen gelangt, darüber wollte Sommer vorläufig kein Urteil abgeben. Zehn Jahre später legte er jedoch in seiner *Tierpsychologie* eine Lösung vor, die mit der Evolutionstheorie Darwins in Einklang stand und weder in die extrem rationalistische Maschinentheorie von Pfungst noch in den naiven Anthropomorphismus Kralls und seiner kreationistischen antidarwinistischen Vorstellungen fiel.

Sommer war klar, dass bisher die mit dieser Frage sich kritisch auseinander setzenden Fachleute der Experimentalpsychologie sich nicht, wie es jedenfalls bei Krall der Fall war, eingehend mit Pferden beschäftigt hatten. Eine Lösung des Rätsels und der lebhaften Widersprüche verschiedener Personen, die in ihrem eigentlichen Fach als verlässliche Beobachter gelten konnten, schien daher für ihn nur auf Grund eines eingehenden Studiums des ganzen psychischen Verhaltens eines bestimmten Pferdes möglich zu sein. Deshalb erwarb er im Dezember 1918 bei dem Rückzug der deutschen Truppen, bei dem in Gießen viele Militärpferde zum Verkauf angeboten wurden, eine kleine fuchsfarbene Stute, der er in Erinnerung an Shakespeares Sommernachtstraum, den Namen „Puck" gab. Mit diesem Pferd stellte Sommer über mehrere Jahre hinweg Beobachtungen und Experimente über psychische Zustände wie Angst oder eigentümliche sensomotorische Gewohnheiten an. Er versuchte auch die unterschiedlichen Intelligenzleistungen, wie Aufmerksamkeit und optisches Gedächtnis zu testen. Vor allem die Untersuchung der Aufmerksamkeit, die bei Pferden besonders durch die „Bewegungssprache der Ohren" erkennbar ist, führte Sommer zur Ansicht, dass „das intellektuelle Leben in statu nascendi in viel höherem Grade mit Ausdrucksbewegungen verknüpft ist, als dies in den mehr rationalistischen Schulen der Psychologie zum Vorschein kommt, die stets von den Endresultaten des Verstehens, den Begriffen, ausgehen" (Sommer 1925, S. 47). Seine Versuche mit Puck über das Wiederfinden von Wegen überzeugten ihn davon, dass der genau reproduzierende optisch-motorische Verstand den vieler jetzt lebender Menschen bei weitem übertrifft. Wenn man aber bei dem Wort „Verstand" von vornherein nur an abstrakte Begriffe denkt, so schaltet man die bei Tieren außerordentlich zahlreichen Fälle von anschaulichem Verstehen völlig aus, so dass die Kluft zwischen Mensch und Tier unüberbrückbar wird. Bei der unbefangenen Beobachtung der Verhaltensweisen von Tieren gewinnt man jedoch eine ganz andere Sicht: „Es gibt Verstand ohne abstrakte Begriffe" (Sommer 1925, S. 83).

Dieser Satz gilt auch nach Sommer für die phänomenalen Rechenleistungen der Elberfelder Pferde. Die Beobachtungen über den Anfangsunterricht dieser Pferde hatten ihn davon überzeugt, dass es möglich ist, mit optischen Eindrücken von geschriebenen Zahlen und Buchstabenzeichen bestimmte Reihen von Bewegungen mit dem rechten und linken Vorderfuß beim Pferd so zu verbinden, dass ein motorischer Ausdruck einer optischen Vorstellung zustande kommt. Während eine an die Tafel geschriebene Wurzelrechenaufgabe für den entwickelten menschlichen Verstand eine Reihe von Zahlen und Zeichen bedeutet, die mit Kreide auf den dunklen Untergrund der Tafel geschrieben sind, bedeutet sie für die optische Auffassung des Pferdes nur ein kompliziertes optisches Bild mit einem Wechsel von hell und dunkel, bei dem Abstraktionen im Sinne des Wegdenkens und Loslösens einzelner Teile nicht geschehen. Da aber dieses Bild bei den durchaus eidetisch veranlagten Pferden eine außerordentliche Genauigkeit aufweist, kann es beim Wiedererscheinen sofort identifiziert werden. Werden nun solche optischen Komplexe bei den Elberfelder Pferden mit motorischen Reihen verknüpft, so ergibt sich die Frage, ob lediglich infolge von optisch-motorischen Reihen die richtige Zahl und Reihenfolge der Klopfbewegungen erfolgen kann. Alle von Sommer selbst gemachten Erfahrungen über das phänomenale optische Gedächtnis der Pferde sprechen dafür, dass dies möglich ist, und zwar auch, ohne dass die motorischen Reihen durch ein von außen kommendes Signal unwillkürlicher Art zum Stillstand gebracht werden (vgl. Sommer 1925, S. 146).

Während Krall annahm, dass mit seinen sensationellen Unterrichtsleistungen „die letzte Schranke zwischen Menschen- und Tiergeist gefallen ist, die menschliche Überhebung seit Jahrtausenden errichtet hat", und dass der endgültige Nachweis, „dass die Tiere gleich uns fühlen, wollen und denken, bedeutet, dass fortan jede Seelenlehre in gleicher Weise für Mensch und Tier gelten muss", zeigte die Überprüfung durch Sommer, dass sich diese Wunschvorstellung Kralls, die auch mit der Evolutionstheorie Darwins nicht zu vereinbaren war, nicht erfüllen konnte. Vielmehr trat an die Stelle sowohl einer solchen anthropomorphen Tierpsychologie als auch einer isolierten rationalistischen Humanpsychologie, die den Tieren jede Seelenregung absprach, eine vergleichende Psychologie oder Verhaltensforschung, die sowohl Gemeinsamkeiten als auch Unterschiede zwischen Mensch und Tier auf Grund ihrer differenzierten Stammesgeschichte im Sinn der Darwin'schen Evolutionstheorie immer genauer ausarbeiten konnte.

3. Ergebnisse der vergleichenden Verhaltensforschung

Wie sehr noch heutzutage die vergleichende Verhaltensforschung von der Geschichte vom Klugen Hans bestimmt ist, lässt sich dadurch erkennen, das die Fachleute auf diesem Gebiet immer wieder auf diesen Konflikt zwischen den „irregeleiteten Pferdefreunden" hinweisen, die über ein Pferd so sprechen, als habe es beinahe menschliche Intelligenz, und jenen „unbeugsamen Forschern", die behaupten, das Pferd habe kein wirkliches Denken oder sogar Bewusstsein im menschlichen Sinn, und seine Aktionen seien lediglich automatisch, bedingt durch Instinkt oder Reflexe. Nach einem der besten Kenner auf diesem Gebiet, George Gaylord Simpson, ist ziemlich sicher, dass keine dieser Ansichten korrekt ist und die Wahrheit dazwischen liegt. Denn das „klügste Pferd ist bodenlos dumm im Vergleich zum dümmsten normalen Menschen", aber hochintelligent unter den Tieren, und die durch sein Nervensystem erzielte Sensomotorik scheint besser zu sein als bei den meisten Menschen (vgl. Simpson 1977, S. 23). Die Fähigkeit manchmal zur Schau gestellter Pferde „zu buchstabieren, zu zählen, zu addieren und sogar viel kompliziertere Handlungen auszuführen, die Intelligenz von typisch menschlicher Art zu erfordern scheinen", sind für ihn nur kennzeichnend für dieses sensorisch-motorische Zusammenspiel, mit dem Pferde sich auszeichnen, aber sie sind keine Handlungen menschenähnlicher Intelligenz.

Die sensomotorische Intelligenz eines Steppentieres

Wie bereits Sommer erkannt hat, sind eine derartige sensomotorisch bestimmte Intelligenz und ebenso das phänomenale optische Gedächtnis der Pferde Anpassungen an ihren natürlichen Lebensraum. Die Steppe, in der große Strecken rasch zurückgelegt werden müssen, ist der Boden, auf dem sich diese Anpassung allmählich vollzogen hat. Dem entspricht die ganze Bauart der Extremitäten und besonders der Gelenke, die vollständig zur Bewegung nach vorwärts eingerichtet sind. Auch die ganze Muskelanlage des Pferdes entspricht der Aufgabe rascher Fortbewegung nach vorn auf dem wesentlich ebenen Boden. Diese Fähigkeit zu einem fast unglaublichen Schnelllaufen tritt uns am deutlichsten bei den wilden oder wieder verwilderten galoppierenden Pferden in ihrem ursprünglichen Lebensraum, der endlosen Grassteppe, entgegen. Ihr Bewegungsmechanismus ist tatsächlich so leistungsfähig, dass er nicht nur für eine wesentlich größere Masse, sondern auch für eine längere Dauer ausreicht. Diese Eigenschaften, auf der einen Seite seine Ausdauer, die es nicht bloß zu einem Momentläufer, sondern zu einem Dauerläufer macht und auf der anderen seine Überschusskraft, die nicht nur das eigene Riesengewicht spielend bewältigt, sondern auch noch eine starke Mehrbelastung ertragen lässt, gibt dem Wildpferd eine wahre Souveränität seines Könnens. Beim zahmen Pferd ermöglicht eine solche Überschusskraft überhaupt erst das Reiten und Ziehen eines Fahrzeuges. Denn nur in diesem großen Spielraum seiner Kräfte vermag das Pferd das ganze Gewicht eines aufsitzenden Menschen auszuhalten, fast ohne dass seine Bewegungsleistungen merklich abnehmen. Dadurch vermag es auch einen Wagen zu ziehen, ohne allzu viel Schnelligkeit und Ausdauer einzubüßen.

Die athletische Kraft und der auf schnelles Laufen angepasste elegante Körperbau sind es, die in uns den Eindruck einer edlen Vornehmheit erwecken. Denn als Gattung ist auch der Mensch weder ein Gräber, Kletterer oder Klammerer, sondern ein Schnellläufer. Diese Eigenschaft verbindet uns mit dem Pferd und lässt uns seine erstaunliche Schnelligkeit und Eleganz zutiefst bewundern. Psychologisch gesehen, sagt der Verhaltensforscher Morris, „empfinden wir das Pferd als eine Verlängerung unseres eigenen ‚schnelllaufenden‘ Körpers. Sitzen wir auf seinem Rücken, verschmelzen wir sozusagen mit ihm und werden ein einziges, dahingaloppierendes, unbezwingbares Wesen wie der berühmte Kentaur der antiken Mythologie" (Morris 2001, S. 10). Diese „Bewegungsintelligenz" (Bölsche 1909, S. 15) ist die Stärke des Pferdes, was sein Gehirn anbelangt, aber auch seine Einseitigkeit. Was es lernt, muss es sozusagen alles durch die Beine lernen. Eine derartige Form der Intelligenz beim Pferd legt es nahe, dass seine Vorstellung von der Welt sehr verschieden ist von der des Menschen, der nicht nur im Gegensatz zu seinen vierhändigen Verwandten, den Affen, ein Läufer ist, sondern auch zwei Greifhände und in seinem großen und differenzierten Gehirn eine besondere Ausstattung für die zentrale Verarbeitung der Sinneseindrücke besitzt.

Auge und Gesichtssinn des Pferdes

Unsere Vorstellung von den Dingen und unsere Gedanken über sie sind wesentlich durch die Sinnesorgane beeinflusst, die sozusagen das Tor zur Außenwelt sind. Der wichtigste Sinn ist bei Pferden und Menschen zwar gleicherweise der Gesichtssinn, aber die Augen von Pferden und Menschen sind beträchtlich verschieden. Daher muss auch das Wahrnehmungsvermögen sehr verschieden sein. Wer die besseren Augen von beiden im Allgemeinen hat, Pferde oder Menschen, lässt sich deshalb unmöglich sagen. In einer gewissen Weise scheinen Pferde den besseren Gesichtssinn zu haben, in einer anderen Weise Menschen. Beide haben ausgezeichnete Augen für die eigenen eindeutig verschiedenen Erfordernisse. Simpson weist in diesem Zusammenhang darauf hin, dass arabische Pferde über eine Entfernung von mehr als 400 m angeblich ihren unter anderen ähnlich gekleideten Männern versteckten Herrn herausfinden können. Diese Schärfe des Gesichtssinns hängt anders als beim Menschen offensichtlich mit der Größe des Pferdeauges zusammen. Kein anderes Landsäugetier hat ein so großes Auge absoluten Ausmaßes. Das aber bedeutet nicht, wie der populäre Pferdeflüsterer Monty Roberts behauptet (vgl. Roberts 2005, S. 39), dass das Pferd alle Gegenstände doppelt so groß wie wir sieht und deshalb so leicht beim geringsten Anlass zu Scheuen beginnt. Das ist Unsinn, denn die Wahrnehmung eines Gegenstandes geschieht nicht wie der Ausdruck „Netzhautbild" fälschlicherweise nahe legt in der Netzhaut des Auges, sondern im Gehirn. Die Unterschiede zwischen Menschen- und Pferdeauge liegen woanders. Trotz seiner Schärfe hat das Pferdeauge keinen veränderlichen Fokus, keine Akkomodation, d. h. Angleichung an verschiedene Entfernungen der sichtbaren Gegenstände, wie es das menschliche Auge besitzt. Objekte in verschiedenen Entfernungen können auf demselben Teil der Netzhaut nicht scharf fokussiert werden. Nahe und weite Objekte sind nur auf verschiedenen Ebenen der Netzhaut im Fokus und können nur auf diese Weise klar erkannt werden. Um sie scharf zu sehen, müssen sie daher aus verschiedenen Blickwinkeln beobachtet werden (vgl. Simpson 1977, S. 25).

Pferde besitzen zwar wie Menschen einen binokulären Gesichtssinn, das heißt, sie können Objekte mit beiden Augen auf einmal betrachten, aber diese Fähigkeit ist nicht so gut ausgebildet wie beim Menschen. Fast unser ganzes Gesichtsfeld ist binokulär, und wir richten, anders als das Pferd, beide Augen direkt auf ein Objekt, wenn wir es betrachten. Beim Pferd gibt es nur eine relativ enge binokuläre Zone in der Richtung, auf die der Kopf zugewandt ist, und die Augen divergieren sogar, wenn beide auf denselben Gegenstand gerichtet werden. Auf der anderen Seite erfasst jedes einzelne Auge des Pferdes einen außergewöhnlich weiten Bereich. Weil das Auge den Bereich eines vollständigen Halbkreises umfasst, kann das Pferd zur gleichen Zeit direkt nach hinten und nach vorn sehen, ohne Kopf oder Augen zu bewegen. Das Pferdeauge ist außerdem so beschaffen, dass es jede Bewegung am Rand des Gesichtsfeldes nachdrücklich und aufmerksam wahrnimmt. Ein Pferd reagiert besonders empfindlich auf ein sich bewegendes Objekt, das – weit entfernt – sich auf der Seite oder sogar hinter der Richtung befindet, in die es sich bewegt. Diese Fähigkeit ist für das Wildpferd überlebenswichtig, das ursprünglich in einem offenen Gelände lebt, wo Gesichtssinn und Flucht die beste Verteidigung sind und jedes sich bewegende Objekt hinter ihm Gefahr bringen kann. Gerade diese Besonderheit, die den wilden Ahnen des Pferdes zu überleben verholfen hat, bringt große Nachteile für den Reiter oder Fahrer eines gezähmten Pferdes. Viele Reiter haben zu ihrem Kummer lernen müssen, dass ihr Pferd durch eine plötzliche Bewegung an der Seite oder hinter ihm erschrickt und seine normale Reaktion hierauf das Durchgehen ist (vgl. Simpson 1977, S. 25).

Verhalten des Pferdes

Doch seltsamerweise verstehen wir trotz aller Begeisterung und Leidenschaft oftmals nicht das Pferd in der ihm eigenen Wesensart. Wir wissen immer noch nicht das Pferd um seiner selbst willen zu schätzen, zu schätzen als ein außerordentliches Lebewesen, fähig zu subtilen Gefühlsregungen, reicher Körpersprache und sozialem Verhalten. Auch erfahrene Reiter wissen mitunter nur wenig vom Gemeinschaftsleben der Pferde. Die Beziehung zwischen Reiter und Pferd verhindert oft jede Beziehung von Pferden untereinander. Das führt auch bei Pferdekennern, die fast täglich mit Pferden zu tun haben, zu großen Missverständnissen über die Intelligenz des Pferdes. Gewiss lässt seine schier grenzenlose Bereitschaft zur Zusammenarbeit mit uns das Pferd dumm erscheinen. Denn ein intelligentes Lebewesen würde keinen Reiter länger als einen Augenblick auf seinem Rücken dulden. Doch seine Bereitschaft, sich von uns ausnutzen zu lassen, ist nach Auffassung der Verhaltensforscher in Wahrheit eine Folge seines angeborenen Herdentriebs: „Pferde sind außerordentlich gesellige Geschöpfe und ordnen sich so bereitwillig Despoten ihrer eigenen Spezies unter, dass sie dies wie selbstverständlich auch bei einem menschlichen

Gebieter tun. Dieser Aspekt ihres Verhaltens berührt also nicht notwendigerweise die Frage nach ihrer Klugheit" (Morris 2001, S.120).

Wie man heute weiß, ist es grundsätzlich ein schwieriges Unterfangen, tierische Intelligenz auf objektive Weise festzustellen oder gar zu messen. Denn jede biologische Art von Lebewesen hat eine eigene, ihr gemäße Intelligenz. Sorgfältig ausgearbeitete, artspezifische Tests sind deshalb unabdingbare Voraussetzung für eine ernst zu nehmende Beurteilung (vgl. Morris 2001, S. 120). Gerade die Geschichte vom Klugen Hans und den Elberfelder Pferden hat ja gezeigt, dass, bewerten wir tierische Intelligenz nach unseren Maßstäben, wir zu falschen und unzulässigen Schlussfolgerungen kommen. Es war nicht die Fähigkeit zum abstrakten Denken und Rechnen, sondern die nur aus ihrer evolutionären Entwicklung verstehbare anschaulich-sensomotorische Intelligenz eines Fluchttieres, die das Pferd zu solchen erstaunlichen Leistungen befähigte. Diese Form der Intelligenz unterscheidet sich grundsätzlich von der eines Fleisch fressenden Raubtieres, zu denen wir, ebenso wie unser bester Freund, der Hund, gehören: „Lässt ein Raubtier versehentlich eine Beute entkommen, hat das in der Regel keine Auswirkung auf seine Existenz; es geht eben erneut auf Jagd. Leisten sich hingegen Beutetiere, wie etwa Pferde, einen Fehler, so kann das den sofortigen Tod bedeuten. Die Natur hat sie daher mit einem besonders guten Erinnerungsvermögen für gefährliche und leidvolle Erfahrungen ausgestattet. Eine einzige böse Begebenheit mit einem bestimmten Lebewesen oder einer bestimmten Sache an einem bestimmten Ort genügt bereits, um das betroffene Pferd später in einer ähnlichen Situation überaus heftig reagieren zu lassen" (Morris 2001, S. 121). „Weil wir nichts von den früheren Erlebnissen des Pferdes wissen und die neue Situation meist ungefährlich ist, erscheint uns das ungewohnte Benehmen unverständlich und dumm. Vom Standpunkt des Pferdes aus gesehen jedoch handelt es sich um eine wichtige und kluge Vorsichtsmaßnahme; sein Betragen entspringt der Intelligenz des stets gefährdeten Beutetiers" (Morris 2001, S. 121). Die Furcht eines Pferdes mit einem Mangel an Intelligenz gleichzusetzen, ist daher eine irrtümliche Auffassung, die allein dadurch entstanden ist, dass wir das Verhalten des Pferdes nach unseren Maßstäben beurteilen.

Intelligenz besteht vor allem in der Fähigkeit, aus der Erfahrung zu lernen. Das heißt allgemein, die problemrelevanten Informationen zu gegebener Zeit aus dem Gedächtnis „hervorzuholen" und zur Bewältigung der neuen Aufgabe heranzuziehen. Dass Pferde das leisten können, haben Tests über ihr erstaunliches optisches Differenzierungsvermögen und Gedächtnis gezeigt. Wie bereits Sommer an den Elberfelder Pferden festgestellt hat, lernen Pferde sehr rasch verschiedene geometrische Figuren und Symbole richtig zu unterscheiden und sie im Gedächtnis aufzubewahren. Bei neueren Tests, bei denen zwanzig verschiedene Symbolpaare gezeigt wurden, konnten Pferde die Symbole in allen Fällen unterscheiden, Esel hingegen nur in dreizehn und Zebras in zehn Fällen. Die Trefferzahl lag stets weit über der Zufallsquote von 50 Prozent, bisweilen sogar bei 100 Prozent und im schlechtesten Fall – es handelte sich dabei um eine besonders schwierige Aufgabe – bei 73 Prozent. Als man den Test ein Jahr später wiederholte, konnten die Pferde noch immer auf Anhieb 19 der 20 Vorlagen wiedererkennen. Das ist ein besseres Resultat, als die meisten von uns erreichen würden. Es bestätigt zugleich, wie lebenswichtig es für wild lebende Pferde ist, sich möglichst viele verschiedene Pflanzen ihres Lebensraums einzuprägen und sich zu erinnern, ob die betreffenden Gräser und Kräuter etc. gut oder schlecht schmecken, stechen oder brennen oder vielleicht giftig sind (vgl. Morris 2001, S 124).

Angesichts einer so außerordentlich hoch entwickelten Sensibilität und Bewegungsintelligenz ist es kaum zu glauben, dass Renn-, Spring- und Zirkuspferde ihre Pflichten gewöhnlich so widerspruchslos ausführen. Vielleicht aber, so meint Morris, teilen die Tiere auch gar nicht die Angst und Besorgnis, die so viele bange Zuschauer bei schwierigen Sprüngen oder Hindernisrennen befällt. Entgegen weit verbreiteter Auffassung sind nämlich nur sehr wenige Pferde ihrem Reiter wirklich macht- und hilflos ausgeliefert. Das geht schon daraus hervor, dass die meisten zwar fast mühelos lernen, was von ihnen erwartet wird, aber andererseits den Gehorsam verweigern, falls ihnen der Sinn danach steht (vgl. Morris 2001, S. 126). Obwohl heutzutage niemand mehr wirklich ein Pferd braucht, weder als Fortbewegungsmittel noch zur Demonstration von Macht und Reichtum, ist die Faszination, die das Pferd noch immer auf die meisten Menschen ausübt, erstaunlich groß. Sie muss offensichtlich auf einer besonderen Ausstrahlung beruhen, die von diesem Tier ausgeht und der viele Menschen und nicht nur die Reiter erliegen (vgl. Baum 1991). Die Frage ist daher, warum gerade das Pferd solch starke Empfindungen in uns erweckt. Die Antwort darauf lautet nach Morris: „Die Verbindung seiner stolzen Haltung mit seiner unermüdlichen Dienstbereitschaft macht es so unwiderstehlich" (Morris 2001, S. 9).

Wenn wir aber wissen wollen, wie es ist ein Pferd zu sein, das vor etwa 6 000 Jahren mit dem Menschen zusammengetroffen ist und eine für ihn nicht immer erfreuliche Partnerschaft eingegangen ist, dann muss man die gesamte Geschichte dieser Beziehung von allem Anfang an betrachten.

4. Die Abstammung des Pferdes

Wenn man das ganze Tierreich vergleicht, sind wir Menschen nach Aussagen der Paläontologen „Blutsverwandte" des Pferdes und mit ihm ziemlich eng verwandt (vgl. Simpson 1977, S. 113). Jedenfalls viel enger verwandt als mit einer Eidechse oder gar einer Muschel. Erst vor 100 Millionen Jahren haben sich die zu Menschen und Pferden führenden Entwicklungslinien getrennt. Aber noch viele anatomische Merkmale, wie Skelett und vor allem auch das Gehirn sind ähnlich geblieben. Sie bilden die evolutionäre Grundlage für die Beziehung von Pferd und Mensch in historischen Zeiten und in der Gegenwart. Während Philosophen, die die Besonderheit des menschlichen Geistes verteidigen, daran zweifeln, ob wir jemals wissen können, „wie es ist eine Fledermaus zu sein" (Oeser 2006, S. 109), weil dieses Tier einen Sinnesapparat und eine Reihe von Aktivitäten aufweist, die von den unsrigen so verschieden sind, dass auch die Qualität subjektiver mentaler Zustände entsprechend unterschiedlich sein muss, ist dies bei den Pferden, die uns in der Stammesentwicklung viel näher stehen, nicht der Fall. Alle uns in der Menschheitsgeschichte überlieferten Taten und Untaten, bei denen Mensch und Pferd eine enge überlebenswichtige Kooperation eingegangen sind, wären unmöglich gewesen, wenn nicht von beiden Seiten ein grundsätzliches Verständnis für das Gefühlsleben des anderen vorhanden gewesen wäre, das tief in der gemeinsamen Stammesgeschichte verankert ist.

Eohippus, das Pferd der Morgenröte und seine Nachfolger

„Eozän" wird jene erdgeschichtliche Epoche vor 50 Millionen Jahren genannt, die als die „Morgenröte" unserer Epoche angesehen wird. Sie dauerte etwa 15 Millionen Jahre. Als in den Eozänschichten Nordamerikas in den Jahren 1871 und 1872 fossile Knochen gefunden wurden, die Ähnlichkeiten mit einem sehr kleinen Pferd aufwiesen, erkannte ein eifriger Sammler dieser Knochen, der Professor der Yale University Othniel Charles Marsh, dass diese Fossilien Pferdeahnen waren, und er prägte für sie den Namen *Eohippus*: „Pferd der Morgenröte", indem er darauf hinwies, dass sie in der Eozän-Epoche, „in der Morgenröte der rezenten Epoche", vorkommen. Gleichzeitig erwies er auch Darwin einen wichtigen Dienst in der Anerkennung der Evolutionstheorie. Denn Marsh konnte bereits damals feststellen, dass seine fossilen amerikanischen Pferde eine eindeutige Ahnenreihe bildeten, deren Anfang eben das von ihm so genannte *Eohippus* darstellt.

Seit der Entdeckung des *Eohippus* gab es auch die Theorie der alleinigen amerikanischen Abstammung der Pferdefamilie, deren Entwicklung man sich sehr geradlinig vorstellte. Die „Pferdereihe" ist auch heute noch das klassische Beispiel einer darwinistisch interpretierten gradualistischen, d. h. stufenförmigen Evolution, bei der eine immer „gleichgerichtete" Auslese von Varianten zu dieser geradlinigen Entwicklung führt, in der vor allem die Zunahme der Körpergröße charakteristisch ist. Sie wurde nach der Entdeckung des *Eohippus* immer genauer durch fossile Funde belegt, die auch mit geeigneten Namen wie *Orohippus, Epihippus, Mesohippus, Miohippus, Parahippus, Merychippus* und *Pliohippus* ausgestattet wurden.

Nachträglich stellte sich aber heraus, dass für den Beginn der Reihe *Eohippus* nicht der korrekte wissenschaftliche Name ist und er nach den Regeln zoologischer Nomenklatur in der Fachsprache *Hyracotherium* genannt werden sollte. Das war nämlich die Bezeichnung, die der englische Zoologe Richard Owen den 1839 entdeckten fossilen Überresten eines kleinen Säugetiers aus dem Eozän gab. Er erkannte damals noch nicht, dass es sich um den Ahnen unserer Pferde handelte und nichts anderes war als der europäische Vertreter des amerikanischen *Eohippus* (vgl. Simpson 1977, S. 121). Das gleichzeitige Vorkommen von *Eohippus* oder *Hyracotherium* in Amerika und Europa ist dadurch zu erklären, dass im frühen Eozän vor 50 Millionen Jahren Europa und Amerika nicht voneinander getrennt waren. Nach der Trennung beider Kontinente entwickelten sich die Nachkommen von *Eohippus* unterschiedlich in zwei Regionen. Nach Ansicht der Paläontologen, die sich besonders mit der Pferdereihe beschäftigt haben, brachten nur die nordamerikanischen Nachkommen von *Eohippus* die späteren Pferde hervor. Die Evolution des Pferdes war daher auch nicht einfach die Angelegenheit einer Stammlinie, die mit *Eohippus* begann und sich gleichmäßig hauptsächlich in seiner Körpergröße veränderte bis das heutige Pferd erreicht war. Wie man heute weiß (vgl. MacFaden 2005), war die Wirklichkeit wesentlich komplexer mit vielen Abweichungen und Seitenlinien und dem bis heute rätselhaften Aussterben aller Pferde in Amerika.

Auch war das „Pferd der Morgenröte" keineswegs nur eine Miniaturausgabe des heutigen Pferdes (vgl. Simpson 1977, S. 124). Es war einem hasenartigen Nagetier erheblich ähnlicher als einem gegenwärtigen Pferd: Der Rücken war gewölbt und biegsam mit keiner Andeutung auf das vollkommen gerade und starre Rückgrat eines gut gebauten heutigen Pferdes. Der Schwanz war lang und kräftig. Beim heutigen Pferd ist der Schwanz kurz, obwohl er durch den Haarschweif am Ende lang aussieht. Das Hinterteil war hoch und gab den Tieren in Verbindung mit dem gewölbten Rücken ein auffallendes nicht pferdeähnliches, fast kaninchenähnliches Aussehen. Außerdem hatte der Vorderfuß vier Zehen, von denen jede in einem separaten kleinen Huf endete. Ein bemerkenswerter Unterschied zum heutigen Pferd ist außerdem, dass der Fuß noch immer hundeartige Ballen hatte, auf dem das Hauptgewicht mehr als auf den Hufen ruhte. Der Hinterfuß hatte ebenfalls einen Ballen, jedoch nur drei funktionelle Zehen. Der Schädel von *Eohippus* hatte ebenfalls noch nicht das typische Aussehen des Pferdeschädels. Denn die großen Augen befinden sich in der Mitte des Schädels (von vorn nach hinten gemessen), und die Schnauze ist nicht länger als der Hirnschädel. Diese Proportionen sind vom heutigen Pferd so verschieden, dass der Kopf von *Eohippus*, wenn er korrekt restauriert ist, nicht wie der Kopf eines kleinen Pferdes aussieht. Die Schnauze läuft sich leicht verjüngend zu. Besonders die schlanke, sich nach außen erweiternde, etwas schnabelartige Vorderpartie des Unterkiefers, deutet an, dass die den Pferden eigentümliche Nahrungsaufnahme mit der Zunge bei *Eohippus* erst im Entstehen war.

Die Nachfahren von *Eohippus* im Eozän, *Orohippus* und *Epihippus* zeigten noch keine auffällige Tendenz zum Größenwachstum. Ihre fortschreitende Evolution bestand fast nur in der Entwicklung zu einem besseren Pflanzenfressergebiss, das aber ebenfalls noch nicht zum Grasfressen geeignet war. Das Gleiche gilt auch für die Pferde des Oligozän, *Mesohippus* und *Miohippus*, die jedoch schon größer und im Ganzen betrachtet schon viel pferdeähnlicher waren. Bemerkenswert waren vor allem auch die relativ viel größeren Gehirnhemisphären, die bereits auf das schnelle Wachsen der charakteristischen Pferdeintelligenz hinwiesen, sich aber wesentlich erst im Übergang von den Eozän- zu den Oligozänpferden ausbildeten. Eine weitere Entwicklung stellt der Übergang zur Dreizehigkeit dar, die mit einer Verlängerung der Beine unterhalb von Ellbogen und Knie verbunden war, was bereits eine Anpassung an das schnelle Laufen bedeutet. Während sich *Mesohippus* und *Miohippus* kaum unterschieden, kam es in den darauf folgenden erdgeschichtlichen Epochen, im Miozän und Pliozän, wie neuere fossile Funde zeigen, zu einer Aufsplitterung der Pferdereihe in mehrere verschiedene Gruppen, welche die ältere klassische Darstellung der Pferdeevolution als eine allzu große Simplifikation erscheinen ließ, die fast einer Verfälschung gleichkommt (vgl. Simpson 1977, S. 135). Es gab sowohl ungewöhnlich große, wie z. B. *Megahippus*, als auch ungewöhnlich kleine Vertreter der Pferdefamilie. Die Zwergpferde des Miozäns mussten bemerkenswert anmutig und attraktiv gewesen sein, weil sie nicht größer als *Eohippus*, aber bereits den heutigen Pferden viel ähnlicher waren. Auch in späterer Zeit, im Pliozän gab es Zwergpferde, die aus dem Rahmen der keineswegs immer konstanten Tendenz zur Vergrößerung fielen.

Vom Laubfresser zum Grasfresser

Die große Transformation, die direkt zu den heutigen Pferden führte, ereignete sich erst, als eine neue Gruppe der Pferdelinie in Nordamerika Gras zu fressen lernte. Voraussetzung dafür aber war die Ausbildung von entsprechenden Zähnen. Mit der Entwicklung von Zähnen, die für das Grasfressen tauglich waren, wurde auch der Schädel unseren heutigen Pferden immer ähnlicher: Das Maul verlängerte sich im Verhältnis zum Hirnschädel und die Augen wurden zurückversetzt. Die Kiefern verstärkten sich auffällig, weil sie die verlängerten Zahnkronen aufnehmen mussten. So sehr auch diese Gras fressenden Pferdetypen des Miozäns schon unseren Pferden ähnelten, es gab noch immer einen augenfälligen Unterschied: Die Füße waren noch immer dreizehig und endeten in drei kleinen Hufen. Bei den am meisten fortgeschrittenen Arten wurde aber das Gewicht bereits von der großen Zentralzehe getragen, während die beiden kleineren Seitenzehen kürzer waren und die primitiven Fußballen verloren gingen. Erst im frühen Pliozän, fünf oder sechs Millionen Jahre vor unserer Zeit sind einzehige Pferde nachweisbar. Allein bei einer Untergattung, den Nachkommen des so genannten *Pliohippus*, gingen schließlich auch die funktionslos gewordenen Seitenzehen verloren. Vereinfacht kann man sagen, dass aus den fortgeschrittensten Arten des einhufigen *Pliohippus* ohne weitere wesentliche Veränderungen unser heutiges „echtes" Pferd *Equus* entstanden ist und sich von Nordamerika aus über die zwei damals vorhandenen Landbrücken, die Bering-Brücke und die auch heute noch bestehende Panama-Brücke, nach Asien, Afrika und Europa einerseits und Südamerika andererseits verbreitet hat. Rätselhafter ist, dass an dem Ursprungsort der Pferdefamilie alle Pferde ausgestorben sind.

Das große Sterben in Amerika

Das Aussterben der Pferde in ganz Nord- und Südamerika, wo sie während des Pleistozäns in gewaltigen Herden umherschweiften, ist eine der mysteriösesten Episoden in der Tiergeschichte Es gibt zwar keinen Zweifel über die Tatsache, dass die letzten einheimischen Pferde in Amerika vor etwa 8000 Jahren ausstarben, aber die Ursache dieses Aussterbens ist völlig ungeklärt. Keine der vielen Spekulationen ist wirklich befriedigend, für keine gibt es stichhaltige Beweise. Einige Möglichkeiten können sogar nach Meinung von Simpson (vgl. Simpson 1977, S. 154) definitiv ausgeschlossen werden. Es war nicht die Vereisung in der großen Eiszeit des Pleistozäns, die das Auslöschen der Pferde bewirkte. Viele von ihnen lebten in Gebieten, die von den Gletschern nicht merkbar betroffen wurden. Die Ursache war auch nicht das Verschwinden des Präriegrases oder eines für Pferde passenden Futters. Andere grasende Tiere, besonders der Bison, der von ähnlichem Futter und gemeinsam mit den Pferden durch das Pleistozän hindurch lebte, überdauerten in unverminderter Zahl.

Es war nicht der Existenzkampf dieser anderen Grasäser, der dem Leben der Pferde ein Ende setzte, weil Pferde in Gebieten ausstarben, zum Beispiel in ganz Südamerika, in denen es keine Bisons gab, und nach der Wiedereinführung der Pferde in historischer Zeit gediehen sie auf Ebenen, die auch von Bisonherden besiedelt waren. Es war keine Umweltveränderung, die das Gebiet als Ganzes für Pferde ungeeignet machte. Beide Kontinente waren sehr verschieden, und doch starben Pferde überall in beiden Teilen Amerikas aus. Die Ursache konnte auch nicht ein neuer Fleisch fressender Feind sein. Kein derartiger Feind tauchte auf und verbreitete sich über beide Amerika während der Zeit, da die Pferde ausstarben. Im Gegenteil einige ihrer vermutlichen Feinde, zum Beispiel die Riesenwölfe und die Säbelzahnkatzen, starben mit den Pferden gemeinsam aus. Auch der Mensch konnte zu dieser Zeit die Pferde nicht ausgerottet haben. Zwar ist es heute erwiesen, dass Wildpferde noch in Nord- und Südamerika lebten, als die ersten Indianer vermutlich vor zehntausend Jahren oder früher diese Länder erreichten. Wie überall in Europa oder Asien töteten auch sie Pferde wegen ihres Fleisches. Aber in Nordamerika töteten sie mit Sicherheit große Mengen an Bisons, und der Bison starb nicht aus. Es ist daher nicht anzunehmen, dass die Indianer allein die ganze gewaltige Pferdepopulation des späten Pleistozäns in einem so unendlich großen Gebiet beseitigt haben. Wahrscheinlicher ist es, dass alle Pferde von Amerika durch irgendeine Seuche ausgelöscht wurden. Aber diese Möglichkeit wird durch keinen Hinweis in den fossilen Überresten gesichert.

Das Aussterben der Pferde in der Neuen Welt ist jedoch nur ein Teil eines größeren Problems. Denn etwa zur gleichen Zeit und noch viel früher starben auch viele andere Tiere, wie Riesenfaultiere, Mastodonten und Riesenwölfe, in beiden Teilen von Amerika aus. Die Hauptursache für das Aussterben damals oder in früheren Zeiten müssen Veränderungen gewesen sein, an die sich diese Tierpopulationen nicht anpassen konnten (vgl. Simpson 1977, S. 155). Aber welche Veränderungen es waren, ist weitgehend unbekannt, wie auch das große Sterben der Dinosaurier trotz vieler plausibler Erklärungsversuche noch immer nicht eindeutig gelöst ist.

5. Domestikation des Pferdes

Die Beziehung von Mensch und Pferd hat in einer Weise begonnen, die für das Pferd nicht sehr angenehm war. Denn es war für den Höhlenmenschen nichts anderes als ein Beutetier. Bevor es die Jagd mit Speeren, Pfeilen, Gruben, Fallen und Schlingen gab, bestand das einfachste und primitivste Mittel darin, eine Pferdeherde in den Abgrund zu jagen. Diese Erklärung wird nicht nur durch die Tausende von Pferdeknochen am Fuß des steil abfallenden Hanges bei Solutré gestützt, sondern auch durch die eiszeitlichen Felsenmalereien mit Pferdeabbildungen, die in der Nähe der Felsabstürze an der Lenaquelle in Asien an drei Stellen gefunden wurden. In einer Art von Treibjagd wurden die Pferde in die Nähe der schluchtartigen Talstrecke gelenkt, um sie dann durch großen Lärm zu erschrecken, so dass sie in unkontrollierter Angst davon stürmten und in den Abgrund stürzten, wo sie von den Jägern mit Knüppeln und Steinen erschlagen wurden. Diese Haltung des Menschen gegenüber dem Pferd änderte sich erst ziemlich spät zu einer Zeit, als es schon längst Haustiere, wie Ziegen und Rinder gab, und man entdeckte, dass auch das lebende Pferd von Nutzen sein konnte.

Vom Wildpferd zum Haustier: Der Tarpan und das Przewalskipferd

Über den Zeitpunkt der Domestikation des Pferdes gibt es bis heute unterschiedliche Ansichten. Er liegt jedenfalls so weit zurück, dass darüber keine schriftlichen Zeugnisse vorhanden sind. Da auch archäologische Hinweise auf die Anfänge der Pferdedomestikation fehlen oder nur sehr unsicher sind, können nur Vermutungen angestellt werden. Eine gängige Meinung war, dass in den Steppen Eurasiens vor ungefähr 5000 Jahren Wildpferde, wie etwa der Tarpan oder das nach einem russischen Forschungsreisenden benannte Przewalskipferd (vgl. Zeuner 1967, S. 264), gezähmt worden sind, von denen alle heutigen Pferde abstammen.

Die Existenz des Tarpans, dessen letzte Exemplare 1876 in der Ukraine getötet worden sind (vgl. Zeuner 1967, S. 259), ist zeitweise angezweifelt worden (vgl. Nobis 1955), doch gibt es in der älteren und heute nur selten beachteten wissenschaftlichen Literatur des 18. und 19. Jahrhunderts ganz eindeutige und unbezweifelbare Beschreibungen. Der erste eingehende Bericht stammt von Samuel Georg Gmelin und begründet sich auf Beobachtungen, die dieser in den Jahren 1768 und 1769 machen konnte. Weitere Nachrichten lieferte Pallas, der vier Jahre später Gmelins Spuren folgte. Übereinstimmend berichten Gmelin, Pallas und andere über die Lebensweise der Tarpane Folgendes: „Man begegnet dem Tarpan immer in Herden, welche mehrere hundert Stück zählen können. Gewöhnlich zerfällt die Hauptmenge wieder in kleinere, familienartige Gesellschaften, denen je ein Hengst vorsteht. Diese Herden bewohnen weite, offen- und hochgelegene Steppen und wandern von Ort zu Ort, gewöhnlich dem Winde entgegen. Sie sind außerordentlich aufmerksam und scheu, schauen mit hoch erhobenem Kopfe umher, sichern, spitzen das Gehör, öffnen die Nüstern und erkennen regelmäßig zu rechter Zeit noch die ihnen drohende Gefahr … der Hengst beginnt zu schnauben und die Ohren rasch zu bewegen, trabt mit hoch gehaltenem Kopfe einer bestimmten Richtung zu, wiehert gellend, wenn er Gefahr merkt und nun jagt die ganze Herde im tollsten Galopp davon. Vor Raubtieren fürchten sich die kampfesmutigen und kampfeslustigen Hengste nicht. Auf Wölfe gehen sie wiehernd los und schlagen sie mit den Vorderhufen zu Boden. Unter sich kämpfen Tarpanhengste mit Ingrimm und zwar ebenso gut durch Beißen wie durch Schlagen. Junge Hengste müssen sich ihre Gleichberechtigung immer durch hartnäckige Zweikämpfe erkaufen" (zit. nach Brehm 1877, S. 7).

Auf Gmelin und Pallas beruft sich dann Alfred Brehm, wenn er folgende Beschreibung des Aussehens des Tarpans liefert: „Der Tarpan ist ein kleines Pferd mit dünnen, aber kräftigen, langfesseligen Beinen, ziemlich langem und dünnem Halse, verhältnismäßig dickem, rammsnasigem Kopfe, spitzigen, nach vorwärts geneigten Ohren und kleinen lebhaften, feurigen boshaften Augen, seine Behaarung im Sommer dicht, kurz, gewellt, namentlich am Hinterteile, wo sie fast einen Bart bildet, die Mähne kurz, dicht, buschig und gekräuselt, der Schwanz mittellang. Ein gleichmäßiges Fahlbraun, Gelblichbraun oder Isabellgelb bildet die vorherrschende Färbung des Sommerkleides; im Winter werden die Haare heller, bisweilen sogar weiß, Mähne und die Schwanzhaare sehen gleichmäßig dunkel aus. Schecken kommen niemals vor, Rappen sind selten" (Brehm 1877, S. 5). Unterstützt wird diese Beschreibung durch eine entsprechende Abbildung (vgl. Abb. 5).

Die Pferde züchtenden Steppenbewohner fürchten die Tarpane noch mehr als die Wölfe, weil jene ihnen auf mehrfache Weise Schaden zufügen. Nach den von Gmelin gesammelten Nachrichten halten sie sich gern

Abb. 5: Tarpan (aus Brehm 1877)

in der Nähe der großen Heuschober auf, welche von den russischen Bauern
oft in weiter Entfernung von den Ortschaften gestapelt werden und fressen
diesen innerhalb einer Nacht leer. Daraus lässt sich auch leicht ihre „Fet-
tigkeit und kugelrunde Gestalt" erklären. Das aber ist nicht der einzige
Schaden, den sie anrichten. Der Tarpanhengst ist auf die russischen Stuten
so sehr erpicht, dass er jede Gelegenheit wahrnimmt, um diese schon domestizierten Haustiere zu entführen. Von einer solchen besonders gewaltsamen Entführung hat Gmelin einen glaubwürdigen Augenzeugenbericht
geliefert: „Ein wilder Hengst erblickte einmal einen zahmen Hengst mit
zahmen Stuten. Nur um die Letzteren war es ihm zu tun, weil aber der erste nicht damit zufrieden sein wollte, so gerieten beide in heftigen Streit.
Der zahme Hengst wehrte sich mit den Füßen, der wilde aber biss seinen
Feind mit den Zähnen, brachte es auch, aller Gegenverteidigung ohngeach-
tet, so weit, dass er ihn zu Tod biss und sodann seine verlangten Stuten
mit sich nehmen konnte" (Gmelin zit. nach Brehm 1877). Gmelin war es

sogar gelungen, einen Bastard von einer solchen von einem Tarpanhengst verschleppten zahmen russischen Stute lebendig zu fangen. Dieser Bastard hatte etwas vom zahmen und etwas vom wilden Pferde an sich. Seine Mutter, die bei dieser Jagd erlegt wurde, war schon alt und hatte ein schwarzes Fell. Der Bastard, aber hatte eine mausbraune, mit Schwarz gemischte Farbe. Sein Schweif war schon haariger, doch noch nicht ganz so lang wie beim Hauspferd, sein Kopf dick, die Mähne kurz und kraus, der Leib der Gestalt nach mehr länglich. Vom Verhalten dieses Bastards wird nur berichtet, dass es ein Tier war, dem man ohne Gefahr nicht nahe kommen durfte.

Versuche, den Tarpan zu zähmen, sind immer fehlgeschlagen. Es schien, als ob das Tier die Gefangenschaft nicht ertragen könne. Sein lebendiges Wesen, seine Stärke und Wildheit spotteten sogar der Künste der pferdekundigen Mongolen. Als Reitpferde waren daher solche Wildlinge nicht zu gebrauchen. Bestenfalls konnte man sie mit einem zahmen Pferde vor den Wagen spannen. Aber auch hier machten sie sowohl dem mitarbeitenden Ross als auch dem Lenker viel zu schaffen. Als Ende der fünfziger Jahre des 19. Jahrhunderts ein lebender Tarpan an die kaiserliche Akademie der Wissenschaften geschickt wurde, hatte man die Gelegenheit seine Verhaltensweise genauer zu beobachten. Bei regelmäßiger Stallfütterung benahm sich der Tarpan ganz gut, wenn man an ihn keine weiteren Anforderungen stellt, als dass er sein Heu täglich fresse. Aber er war und blieb in allem übrigen Verhalten ein „tückisches, launenhaftes Tier, welches starrsinnig und beharrlich bei jeder Gelegenheit zu schlagen und zu beißen versuchte und sich auch der sanftesten Behandlung unzugänglich zeigte". Da man ihn an maßgebender Stelle sowieso nur für ein verwildertes Pferd hielt, verschenkte man ihn schließlich an einen Pferdeliebhaber.

Die Abstammungsfrage des Pferdes blieb daher weiter ungelöst. Denn Pferde verwildern leicht und rasch. Daher vermutete man, dass auch der bereits ausgestorbene Tarpan nichts anderes war als ein „verwilderter Abkömmling mehrerer gekreuzter alter Kulturrassen" (Bölsche 1909, S. 106). Erst Darwin beschäftigte sich wieder eingehend mit diesem Problem. Er sprach zumindest von der Wahrscheinlichkeit, dass alle existierenden Rassen der Pferde von einem „einzigen graubraun gefärbten, mehr oder weniger gestreiften ursprünglichen Stamm, in welchen unsere Pferde gelegentlich zurückschlagen", abstammen (Darwin 1878, S. 63). Die Suche nach dem wilden Urpferd, von dem alle heutigen Rassen der Hauspferde abstammen sollten, war jedoch damit noch nicht zu Ende. Noch zu Lebzeiten Darwins gelang es dem russischen Generalmajor Nikolaj Michajlowitsch Przewalski (1839–1888) in der wildesten Gegend der zentralasiatischen

Steppe, im Tarim-Becken, ein echtes Wildpferd zu entdecken. Es war relativ klein, hatte aber einen großen Kopf, eine zebraähnliche Mähnenbürste und einen Schwanz, der in der oberen Hälfte nur kurz behaart war und erst unten in den echten Rossschweif mündete. Die Farbe war wüstenrot zwischen rötlich und weißlich, während die auffällig stämmigen Beine von den Knien abwärts schwarz waren (vgl. Abb. 6).

Przewalski konnte zwar noch kein lebendes Exemplar dieses nach ihm benannten Urwildpferdes von seiner Expedition mitbringen, aber ein Schädel und ein Fell mussten für die wissenschaftliche Bestimmung genügen. Nach der Veröffentlichung seiner Entdeckung traf aber kein weiterer Bericht über das asiatische Urwildpferd ein, so dass wieder Zweifel an seiner Existenz laut wurden. Erst der Zoologe Büchner, der auf der Suche nach diesem Wildpferd eine Expedition nach Zentralasien unternahm, konnte ein paar Stuten nach Südrussland bringen, wo sie in einem Privatpark des russischen Zoologen Falz-Fein in Askania Nova untergebracht wurden. Wenig später gelang es dem bekannten Hamburger Tierhändler Karl Hagenbeck 28 wilde Pferde dieser Art, die in der Westmongolei erbeutet wurden, nach Europa zu transportieren. Aus diesem Transport sind dann die größeren zoologischen Gärten in Europa versorgt worden, so dass sich jeder ein Bild von diesem Urwildpferd machen konnte (vgl. Bölsche 1909, S. 111).

Bereits Simpson hat aber schon darauf hingewiesen, dass die Hypothese

Abb. 6: Przewalskipferde in der asiatischen Steppe (aus Bölsche 1909)

des Ursprungs von einer besonderen, natürlichen wilden Population unrealistisch und bedeutungslos ist. Und schon vor ihm hatte Darwin selbstkritisch bemerkt, „dass Wilde in den verschiedenen Teilen der Erde mehr als eine eingeborene Art oder natürliche Rasse domestiziert haben könnten" (Darwin 1878, S. 57). Auch die meisten unter den gegenwärtigen Forschern der Pferdezucht versuchen die verschiedenen Formen der heutigen Pferde auf mehrere ursprüngliche Rassen oder Urformen, Arten oder Unterarten zurückzuführen. Dem entsprechen auch neue Untersuchungen schwedischer Genetiker. Sie analysierten die mitochondriale DNA von 191 heutigen Pferden, aus 1000 Jahre und 12 000 Jahre alten Pferdeknochen. Dabei zeigte sich, dass die heutigen DNA-Sequenzen genauso große Variationen aufweisen wie die antiken. Das spricht dagegen, dass die Pferde nur an einem Ort und zu einer Zeit domestiziert wurden und alle heutigen Pferde von diesen ersten gezähmten Tieren abstammen (vgl. Vilà et al. 2001). Sicher ist jedenfalls, dass das Pferd nicht zur Gruppe der ältesten Haustiere, wie Hunde, Schafe und Ziegen, gehört. Auch das Rind wurde bereits viel früher als das Pferd als Zugtier benutzt.

Die Unterjochung des Pferdes

Während das anfängliche Interesse des Menschen am Pferd nur seinem Fleisch galt, wurde es gerade auf Grund seiner gehassten und bewunderten Fähigkeiten der Stärke und Schnelligkeit zwar reichlich spät aber schließlich doch zu einem nützlichen und sogar unentbehrlichen Helfer des Menschen. Kaum dem Bratspieß oder Kochtopf entronnen, verfiel es in eine Knechtschaft, die kaum seinesgleichen hat. Symbol dieser Knechtschaft ist bis heute das Joch, das bei allen Völkern des Altertums in Gebrauch war. Ein auffallendes Zeichen für die Übereinstimmung im Gebrauch und im Alter dieser Erfindung ist die Tatsache, dass das Wort „Joch", zygon, jugum, joug, yoke, giogo, yugo, in allen indogermanischen Sprachen zu finden ist.

Was aber bedeutet die Anspannung des Pferdes vor den Wagen als Transportmittel und Kriegsgerät für das Pferd selbst? Es ist eine Unterjochung im wahrsten Sinn des Wortes. Denn das am Deichselende befestigte Joch war der Ansatzpunkt für die Zugkraft des Pferdes, die über die Deichsel zum Wagen übertragen wurde. Ursprünglich war das Joch ein leichtes Geflecht aus Binsen oder Ruten, an welches das Zugseil befestigt worden ist. Erst später wurde ein festes Joch aus krummen Baumästen verwendet, aus dem sich dann verschiedene Formen vom geraden Querstock bis zum künstlich gebogenen Joch aus Holz oder Metall entwickelte. Dieses feste Joch wurde an eine feste Deichsel gebunden und dem Pferd über den Nacken aufgelegt. Um den empfindlichen Widerrist zu schützen, unterlegte man das harte Joch mit einer weichen Unterlage aus Polster und Kissen.

Noch schlimmer als der Druck des Jochs auf den Nacken des Pferdes war aber der Druck des Halsriemens auf die Luftröhre. Denn das Joch war mit einem Riemen um den Pferdehals festgeschnallt, so dass die so angespannten Pferde gezwungen waren, die Last des Wagens mit dem Hals zu ziehen. Der Druck auf die Luftröhre musste sich bei schwereren Lasten noch verstärken. Um diesen schwersten Nachteil der Jochanspannung zu entschärfen, wurde ein zweiter Riemen angelegt, der vom Halsriemen zwischen den Vorderbeinen zum Bauchgurt führte. Außerdem waren ja die beweglichen zweirädrigen Streitwagen nicht schwer. Zur Verringerung der Last und Erhöhung der Geschwindigkeit wurden auch oft rechts und links neben den Deichselpferden je ein weiteres Pferd angespannt.

Gelenkt wurden die Streitwagen durch Gebisse, die ursprünglich aus Leder und Hartholz waren, aber später aus Knochen oder Horn und schließlich auch aus Metall hergestellt wurden. Damit ein Streitwagen angesichts des Feindes mit Höchstgeschwindigkeit gelenkt werden konnte, mussten die Pferde sofort auf den leisesten Druck des Gebisses reagieren. Daher wurden die Gebisse durch gezackte Kanten und durch Aufsetzten von Stacheln schärfer und wirksamer gemacht. Jedenfalls wurden, wie aus den Beschreibungen antiker Autoren hervorgeht, Gebisse verschiedener Schärfegrade verwendet. So erfährt man von Vergil, dass die Pferde oft blutigen Schaum im Maul hatten (vgl. Vergil Aen. 6, 397). Andererseits wurde mit den Gebissen ein großer Luxus getrieben. Sie wurden auch aus Gold verfertigt und oft mit kostbaren Edelsteinen besetzt, deren Spitzen die scharfen Kanten und Stacheln aus Eisen und Stahl ersetzten. Der byzantinische Kaiser Konstantin soll sich sogar ein Gebiss aus den Nägeln vom Kreuze Christi gemacht haben lassen (vgl. Schlieben 1867, S. 146).

Die ersten Reiter

Da die ersten Menschen, die Pferde züchteten, vermutlich Nomaden waren, die keine schriftlichen Zeugnisse hinterließen, gibt es auch keine Überlieferung, wann und wo das Pferd zum Reittier wurde. Wahrscheinlich fielen Reiten und Pferdezucht zeitlich mehr oder weniger eng zusammen. Denn ohne die Fortbewegung auf dem Rücken des Pferdes ist es den ersten Pferdezüchtern kaum möglich gewesen, der Herde solcher schnellen

Tiere zu folgen. Frühe Zeugnisse für die Reitnutzung des Pferdes fand man aber erst ab 1500 v. Chr.; klarer und eindeutiger ab 1200 v. Chr. in Ost- und Mitteleuropa, in Kaukasien und im Vorderen Orient, in Ägypten und auch im fernen China. Fest steht jedenfalls, dass das perfekte oder gar kunstvolle Reiten erst am Ende einer Reihe von Versuchen und schrittweisen Entwicklungen steht. Der Anfang des Reitens dürfte darin bestanden haben, dass man sich an der Mähne des Pferdes festhielt und daneben herlief. Erst danach hatte man sich wohl auf den Rücken des Pferdes geschwungen, um sich von ihm streckenweise tragen zu lassen. Aus diesem eher passiven Transportiertwerden auf dem Rücken des Pferdes ist dann mehr und mehr das aktive Reiten geworden. Außerdem kann man davon ausgehen, dass auch das Lenken eines von Pferden gezogenen Wagens durch einen Reiter in der Entwicklung des Reitens ebenfalls eine Rolle gespielt hat. Damit erweist sich natürlich auch die alte Streitfrage, was früher war, die Anspannung des Pferdes vor dem Wagen oder das Reiten, als bedeutungslos.

Viel wichtiger aber ist die Frage, was es für ein Pferd bedeutet, einen Reiter auf dem Rücken zu tragen. Trotz der jahrhundertealten Reitkultur, die im Dressurreiten zu einer wahren Kunst ausgearbeitet wurde, trotz der vielen kunstvollen Skulpturen von Bildhauern, die den Menschen zu Pferde darstellen, sehen manche Kritiker bis heute darin eine Störung der natürlichen Ordnung. Denn kein Tier ist dazu geboren, um ein anderes Tier auf sich zu tragen. Tatsächlich ist die einzige natürliche Situation für ein Pferd, ein anderes Lebewesen auf dem Rücken zu tragen, eine gefährliche und lebensbedrohende Angelegenheit. Denn es sind nur Raubtiere insbesondere die großen Raubkatzen, wie Tiger, Löwen oder Panter, die den Pferden auf den Rücken springen, um sie zu töten und aufzufressen. Da aber auch das ursprüngliche Zusammentreffen des Pferdes mit dem Fleisch fressenden *Homo sapiens* eine Begegnung eines Räubers mit seiner Beute war, ist das Entsetzen und der Widerstand des Pferdes, diesen Räuber auf seinem Rücken tragen zu müssen, verständlich. Wie man aus der Verhaltensforschung weiß, gehört ja das von den Reitern so gefürchtete Bocken und Querspringen des Pferdes zu den Bewegungen, die zum Abwerfen eines Raubtieres dienen (vgl. Lorenz 1982, S. 148).

6. Die Pferde des Altertums

Dass das Pferd nicht nur an einem Ort und nur von einer Wildform domestiziert worden war, dafür gibt es auch Hinweise aus den Gebieten von Nord- und Osteuropa. So kann man annehmen, dass in den fruchtbaren Waldsteppen der Ukraine schon viel früher wilde Pferde domestiziert worden sind, die dann um 2500 bereits nach Mazedonien kamen, wo sie sich aber sonderbarerweise eine Zeitlang nicht weiter verbreiteten. In dieser Gegend, in Thessalien, sah die Mythologie der alten Griechen auch den Ursprungsort der Kentauren, jener Fabelwesen mit Kopf und Armen eines Menschen und dem Unterleib eines Pferdes. Wirkliche Kentauren im Sinn einer naturgeschichtlichen Tatsache erwähnt jedoch Aristoteles mit keinem Wort. Platon, Cicero, Ovid und Seneca halten es geradezu für absurd, daran zu glauben. Eine Erklärung für diesen Mythos ist wohl in dem Einfall von wilden Reitervölkern in Thessalien zu sehen, deren Überlegenheit und Schnelligkeit das Erstaunen der sich zu Fuß bewegenden Einwohner erregte. Es ist kaum zweifelhaft, dass diese Vorstellung von Halbmenschen, aus Mann und Ross zusammengewachsen, nichts anderes als Reiter bedeuten sollte, eine wilde immer auf den Pferden hängende kriegerische Völkerschaft. Dafür spricht auch das Vorkommen des Mythos von den Kentauren in anderen Gegenden wie in Zypern, in Italien und sogar in Indien (vgl. Schlieben 1867, S. 48).

Die Pferde der Hethiter und Assyrer

Den leichten zweirädrigen Streit- und Jagdwagen findet man daher schon vor den Griechen und Römern in den alten Hochkulturen Asiens und bei den Ägyptern (vgl. Abb. 7). Zunächst dürfte der Streitwagen aber nur als Transportmittel verwendet worden zu sein, um die Krieger möglichst schnell zum Kampfplatz zu bringen. Und auch noch später verließen die bereits mit der geschickten Führung des Streitwagens vertrauten Krieger ihren Wagen, um zu Fuß weiterzukämpfen. In wenigen Jahrhunderten wurde dann der Streitwagen zu einem immer perfekteren Kriegsinstrument weiterentwickelt. Nur solche Reiche im alten Orient konnten sich erhalten

Abb. 7: Streitwagen der Hethiter (a), Ägypter (b), Assyrer (c) und Perser (d)
(aus: v. Planitz 1905 und Becker 1884)

und durch Eroberungen ihre Machtansprüche sichern, die über leistungsfähige mit Pferden bespannte Streitwagen verfügten.

Die neue, für die Existenz der alten orientalischen Reiche so ausschlaggebende Bedeutung des Pferdes ist auch auf eindrucksvolle Weise im ältesten Werk über die Pferdezucht dokumentiert. Es stammt von dem Mitannier Kikkuli, der um etwa 1360 v. Chr. eine Anleitung speziell für das Training von Streitwagenpferden anfertigte. Die Mitannier wanderten im 16. Jahrhundert v. Chr. von der iranischen Hochebene nach Mesopotamien, Syrien und Palästina ein und dehnten damit bis ca. 1450 v. Chr. ihr Reich maximal aus. Nachdem sie von den Hethitern unterworfen wurden, behielten sie jedoch ihr Ansehen als Pferdefachleute weiterhin bei. Der in hethitischer Sprache verfasste Kikkuli-Text (dt. Übersetzung von Annelies Kammenhuber: Hippologia hethitica 1954) enthält Anweisungen zur Ausbildung, Fütterung, Pflege und Abhärtung von Pferden für das Streitwagenheer der Hethiter. Das geht vor allem aus den sich langsam steigernden

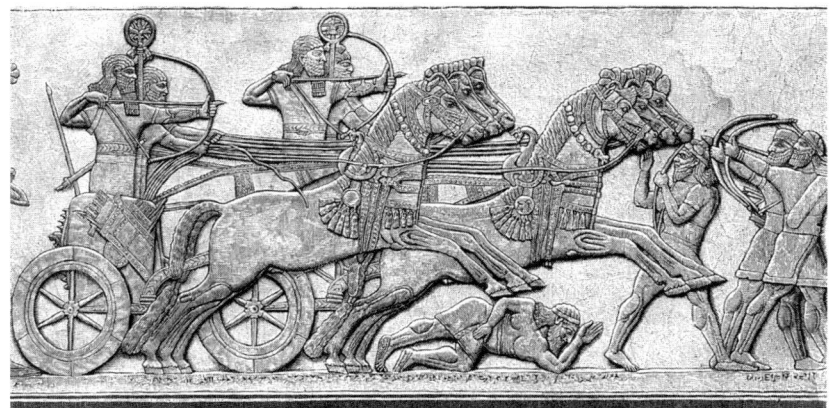

Abb. 8: Assyrische Schlachtszene aus dem 9. Jh. v. Chr. (Marmorrelief. London.
Britisches Museum; aus Hommel 1885)

Trainingsanforderungen hervor, die dafür sorgen sollten, dass die Kondition der Pferde während des Krieges nicht nachlässt. Trotz der Unsicherheit in der Bestimmung der alten mesopotanischen Maßeinheiten lassen sich die dort angegebenen beträchtlichen Trainingsstrecken durchaus mit den Strecken der berüchtigten Distanzritte vor den beiden Weltkriegen (s. Kap. 11) vergleichen. Denn als Höchstanforderungen werden im Kikkuli-Text für sieben Nächte je 150 km angegeben. Ein weiterer Beleg dafür, dass dieser Text in erster Linie der Ausbildung der Pferde für den Krieg und für die Eroberungszüge diente, sind die dort geschilderten Abhärtungsmaßnahmen. Es ist immer wieder vom Waschen und Untertauchen der Pferde die Rede, die sich an den schnellen Wechsel von Erhitzung und Abkühlung gewöhnen sollten. Denn beim Kampf konnte nicht allzu viel Sorgfalt auf das Zudecken der erhitzten Pferde verwendet werden. Der Wechsel von Trab- und Galoppstrecken dürfte ebenfalls im Dienste der Konditionsförderung gestanden haben.

Nach dem Untergang des Hethiterreiches im 8. und 7. Jahrhundert v. Chr. waren es ihre Besieger, die Assyrer, die mit Hilfe ihrer Streitwagen und Reiterei ihre Vormachtstellung in Mesopotamien begründeten. Die Streitwagen scheinen nur vom König und den höchsten Offizieren benutzt worden zu sein, die man in der Schlacht nie zu Pferde dargestellt sieht. Sie enthielten entweder zwei oder drei Personen: den Krieger, den Wagenlenker und oft noch den Schildhalter. An den Seiten hatten sie, wie auch die ägyptischen Streitwagen, zwei Köcher mit Pfeilen, einen krummen Bogen,

einen Wurfspieß und eine Streitaxt. Obgleich das Joch für zwei Pferde eingerichtet war, schirrte man doch gewöhnlich drei an den Wagen, doch findet
sich keine Spur, aus der man erkennen könnte, wie das dritte Pferd fest-
gemacht war. Man muss vermuten, dass es nicht mitzog, sondern nur ange-
koppelt war, um durch Schlagen und Beißen den Jochpferden Platz im
Kampfgetümmel zu machen. Dazu wurde es vom Wagenlenker mit der Peitsche und einem spitzen Stock angestachelt (vgl. Schlieben 1867, S. 197).
    Die Reiterei machte einen nicht weniger wichtigen Teil des assyrischen
Heeres aus als die Kriegswagen. Die Reiter, die auf den ungesattelten Pferden ritten, zogen die Knie bis in die Höhe des Pferderückens, die späteren,
die auf Kissen ritten, saßen gestreckter. Steigbügel hatten sie nicht. Sobald
ein Bogenschütze zu Pferde im Gefecht war, wurde sein Pferd von einem
zweiten, neben ihm reitenden Mann gelenkt, so dass immer zwei und zwei
zusammen kämpften; Lanzenreiter lenkten ihre Pferde selbst. Die Reitpferde waren weniger reich geziert als die Wagenpferde. Daraus kann man
schließen, dass die Reiter wohl niedrigeren Rang gehabt haben als die Wa-
genkämpfer.

Die Pferde der Perser

Nach der Zerstörung von Ninive (612 v. Chr.) und dem Untergang der as-
syrischen Dynastie wurde das Land von den Medern und Persern beherrscht. Im Gegensatz zu den Medern, die bereits eine wohl ausgebildete
Reiterei besaßen, war sie bei den Persern, wie Xenophon berichtet, zunächst ganz unbekannt: „Weil Persien eine bergige Landschaft ist, so ist es
schwer, dort Pferde zu halten und zu reiten und deswegen bekommt man
da selten ein Pferd zu sehen" (Kyrop. 1,3; Xenophon 1801, S. 18). Erst
Kyros führte die Reiterei ein und baute sie sowohl zum Kern seiner Streitmacht als auch zum wichtigsten Instrument der Nachrichtenübertragung in
seinem Riesenreich aus.
    In der Kyropädie, der Lebensgeschichte des berühmten Perserkönigs,
lässt Xenophon den alten Mythos von den Kentauren wieder aufleben,
wenn er von den Vorteilen eines Reiters spricht, der im Krieg den Feind
töten und bei der Jagd das Wild mit der Hand greifen kann: „Aus diesem
Grunde habe ich unter den Tieren die Kentauren am meisten beneidet,
wenn es dergleichen jemals gegeben hat. Denn sie könnten sich durch ihren menschlichen Verstand vorher beratschlagen und können mit ihren
Händen alle möglichen Dinge ausrichten. Dabei besitzen sie die Geschwindigkeit und Stärke der Pferde, wodurch sie das, was flieht, einholen

können und was sich ihnen widersetzt, zu Boden werfen. Und dies alles würde ich in mir vereinigen, wenn ich ein Reiter würde. Ich werde also nichts anders als ein Kentaur sein, der geteilt und wieder zusammengesetzt werden kann. Endlich werde ich auch noch darin vor den Kentauren Vorzüge haben, der Kentaur sieht nur mit zwei Augen und hört nur mit zwei Ohren, ich aber werde mit vier Augen umherspähen und mit vier Ohren horchen können. Denn man sagt, dass die Pferde mit ihren Augen vieles besser als die Menschen sehen, und es ihnen anzeigen und vieles mit ihrem Ohr eher hören können und Zeichen davon geben" (Kyrop. 4,3; Xenophon 1801, S. 198). Daher erließ Kyros ein Gesetz, das besagt, dass kein vornehmer und tapferer Mann irgendwo in Persien freiwillig zu Fuß öffentlich erscheinen darf.

Das Perserreich verdankt Kyros nicht nur die Einführung der Reiterei sondern auch ein Nachrichtensystem, das ausschließlich auf der Schnelligkeit der Pferde beruhte. Er teilte seine ganze Reiterei in Trupps, die nach dem Schneeballprinzip funktionierten, so dass jeder Befehl von oben herab in kürzester Frist durch die Führer der Abteilungen bis zum letzten Mann hinab gelangen konnte. Die Schnelligkeit dieser Mitteilung wurde wesentlich durch die erste uns bekannte Posteinrichtung erleichtert (vgl. Kyrop. 8, 3. 18; Xenophon 1801, S. 444 f.). Kyros hatte nämlich durch das ganze Reich Stationen errichtet, auf denen zu jeder Stunde in eigens erbauten Niederlassungen mehrere Reiter zum Weiterbefördern der königlichen Befehle bereit waren, welche auf diese Weise, wie Herodot sagt, mit der Schnelle des Kranichfluges das Land durcheilten.

Die Pferde waren bei den Persern so angesehen, dass man ihnen sogar einmal die Wahl ihres Königs anvertraute. Über die Art dieser den Pferden überlassenen Wahl verabredeten sich die sechs Kandidaten folgendermaßen: Derjenige, dessen Pferd bei Aufgang der Sonne, nachdem sie alle vor die Stadt geritten wären, zuerst wiehern würde, sollte König sein. Über den Kunstgriff, den Darius dabei anwandte, hat der griechische Historiker Herodot einen genauen Bericht geliefert. Der Vorschlag rührte von dem schlauen Stallmeister des Darius her. „Dieser führte bei einbrechender Nacht eine Stute, die der Hengst des Darius besonders gern hatte, hinaus vor die Stadt und band sie dort an. Dann brachte er den Hengst, führte ihn genau um die Stute herum und ließ ihn dann sie bespringen. Mit Anbruche des folgenden Tages kamen die sechs Kandidaten mit ihren Pferden entsprechend ihrer Verabredung vor die Stadt und kaum war des Darius Hengst bei dem Platz, wo gestern nachts die Stute angebunden war, so lief er wiehernd darauf zu und sofort blitzte und donnerte es bei heiterem Himmel. Beide Vorfälle, die, wie verabredet, zusammentrafen, weihten den

Darius zum Könige ein: denn seine Begleiter sprangen von den Pferden und warfen sich vor dem Darius, als vor ihren Könige, zur Erde nieder" (Herodot 3, 86).

Im Unterschied zu den Persern war die Pferdezucht bei den Ägyptern und bei den Hebräern wesentlich weniger ausgeprägt. Der Grund könnte dafür sein, dass Ägypten durch die vielen Kanäle für Pferde und Wagen immer weniger gangbar wurde (vgl. Herodot 11, 108) und Palästina und seine gebirgige Umgebung sich besser für Esel und Maultiere eignete. Eine berühmte Ausnahme bildete jedoch der König Salomo, der nach alttestamentarischen Hinweisen den größten Pferdereichtum besaß. In seinen über das ganze Land verteilten Ställen standen 4000 Wagenpferde, 12 000 Reitpferde und 1400 Wagen (vgl. I. Buch Könige. 9, 19; II. Buch Chronic. 8, 6). In verschiedenen Städten wurden palastartige Bauten gefunden und ausgegraben. In Megiddo waren es allein siebzehn, die insgesamt 450 Pferden Platz boten. Der Boden dieser Pferdeställe war gepflastert. In der Mitte der Ställe verlief ein drei Meter breiter Gang, der von zwei Reihen Steinsäulen zum Anbinden der Pferde flankiert wurde. Ein großer Parade- und Exerzierhof schloss sich den Ställen an. Die Pferde Salomos waren auch wegen ihrer seltenen Schönheit so berühmt, dass noch viele Jahrhunderte später die Araber ihre besten Pferde auf die Stuten Salomos zurückführten.

Die Pferde der Griechen

Der Mythos von den Kentauren liefert einen Hinweis darauf, wie die Pferde zuerst nach Griechenland gelangt sein könnten. Denn es dürfte wohl das uralte Reitervolk der Skythen gewesen sein, das die Vorfahren der Griechen mit den bisher in diesem gebirgigen Land nicht heimischen Pferden bekannt gemacht hat. Der Ursprungsort dieses aus vielen Stämmen bestehenden Reitervolkes waren die Gegenden nördlich und zu beiden Seiten vom Kaspischen und Schwarzen Meer. Die Skythen der älteren und auch der späteren Zeit lebten nur von und auf ihren Pferden (vgl. Herodot 4, 46). Pferdefleisch und Stutenmilch dienten ihnen zur Nahrung (vgl. Herodot 2, 201). Aus den Hufen machten sie ihren Schuppenpanzer, aus dem Fell ihre Kleidung. Die Sehnen der Pferde benutzten sie zur Bespannung ihrer Bogen. Nicht nur im Leben, sondern auch im Tode hielten die Skythen ihre Pferde für unentbehrlich und gaben sie daher auch ihren gefallenen Königen zusammen mit ihren Dienern ins Jenseits mit: „Von den Dienern stranguliert man fünfzig, nebst fünfzig der schönsten Pferde, welchen man das Eingeweide herausnimmt, sie reinigt, mit Spreu füllt und zunäht.

Hierauf stellt man ein in die Höhe gerichtetes halbes Rad auf zwei Pfähle und so werden sehr viele dergleichen befestigt, dann steckt man starke Stangen der Länge nach durch die Pferde bis an den Hals und legt diese in die halben Räder, so dass in dem ersten das Vorderteil und in dem andern das Hinterteil liegt, die Beine aber in der Luft hängen. Diese werden ordentlich aufgezäumt und mit vorwärts gelassenen Zäumen an Pfählen angebunden. Nach dem nimmt man die fünfzig strangulierten jungen Leute und setzt jeden auf ein Pferd, auf die Art, dass man durch ihn an dem Rückgrate hin bis an den Hals einen geraden Pfahl treibt, dessen unten hervorstehendes Ende in dem Holze, das durch das Pferd geht, eingezapft wird. Endlich stellt man diese Reiter um das Grab herum und verlässt den Ort" (Herodot 4, 71–72).

Bei den Griechen stand schon zur Zeit des trojanischen Krieges die Fahrkunst auf einer hohen Stufe, wie jene Stelle aus der Ilias beweist, die heute sogar als Ausgangspunkt der ganzen Pferde- und Rennliteratur angesehen wird (vgl. Straaß/Lieckfeld 2004, S. 124). Dort gibt der alte Nestor seinem Sohn Antilochos genaue Anweisungen, wie die Wagenpferde auf der Rennbahn zu führen und wie die Wendepunkte so zu umkurven sind, dass es keinem der Verfolger gelingt, ihn einzuholen oder an ihm vorbei zu jagen (vgl. Homer, Ilias 23, 318–345).

In den griechischen Kolonien in Unteritalien gab es ebenfalls Spiele und festliche Aufzüge zu Pferde. Aus dieser Gegend stammt auch die Geschichte von den tanzenden Pferden der Sybariten. In seiner Geschichte der Tiere berichtet Aelian, dass sie beim Ertönen einer bestimmten Musik sich auf die Hinterbeine gestellt und mit den Vorderfüßen nach dem Takt gestikuliert haben. Ihren Besitzern, den Sybariten, aber gereichte diese Musikalität der Pferde zum Nachteil. Denn als man mit denselben Pferden in eine Schlacht zog, ließen die Feinde, als es zum Angriff ging, die den Pferden bekannte Musik ertönen. Kaum hörten die Pferde der Sybariten die ihnen vertrauten Töne, als sie ihren Reitern zum Ärger und Verderben zu tanzen begannen und weder zum Angriff, noch zur Flucht zu bewegen waren (vgl. Aelian h. a. 16, 23).

Xenophon über die Reitkunst

Wie sehr die Pferde im antiken Griechenland in erster Linie die Kriegsführung und viel weniger das Alltagsleben bestimmten, zeigen die zwei Schriften des Xenophon, die bis heute zu den Glanzstücken der so genannten „hippologischen" Literatur gehören. Sie sind nicht nur wegen ihres Alters von antiquarischem Interesse, sondern weisen ihren Autor als einen der besten Pferdekenner der gesamten Weltgeschichte aus, der zu Einsichten über die Wesensart des Pferdes gekommen ist, die noch heute ihre Gültigkeit bewahrt haben. Denn Xenophon (430–354 v. Chr.) war nicht nur Philosoph und Historiker, sondern auch der Anführer einer griechischen Reiterei, die den wohl berühmtesten Kriegszug der Antike, den Zug der 10 000 Griechen zur Unterstützung des jüngeren Kyros gegen seinen Bruder, den damals regierenden Perserkönig Artaxerxes, durchführte. Nach dem Tode von Kyros in der Schlacht bei Kunaxa 401 v. Chr. führte Xenophon die Griechen vom Euphrat über Tausende von Kilometern durch ein wüstes und unbekanntes Land bis ans Schwarze Meer zurück. Dabei hatte er jene Erfahrungen gesammelt, die ihn befähigten, nicht nur über die Obliegenheiten eines Reiterobersten (Hipparchikos), sondern auch über die Reitkunst (Hippike) in einer Weise zu schreiben, die Vorbild für viele Jahrhunderte geblieben ist.

Seine Anweisungen zur Reitkunst beginnen bereits mit der Aufzucht der Fohlen. Grundprinzip dabei ist, dass das Fohlen Hunger und Durst und irgendwelche Beunruhigung nur dann fühlen soll, wenn es allein ist. Von Menschen dagegen soll es nur Gutes erfahren: „Fressen und Saufen und Entfernung alles Beunruhigenden." Geschieht das, so wird das Fohlen die Menschen nicht bloß gern haben, sondern sich auch nach ihnen sehnen. Xenophon betont immer wieder, dass man das Pferd auch streicheln muss, vor allem an den Stellen, wo die Betastung dem Pferde am angenehmsten ist und wo es sich am wenigsten selbst helfen kann, wenn es von etwas belästigt wird. Zur Erziehung des Fohlens gehört es auch, dass man es nicht nur durchs Menschengedränge führt, sondern auch in die Nähe von Dingen bringt, die den verschiedenartigsten Anblick gewähren und das verschiedenartigste Geräusch verursachen. „Wo aber das Fohlen vor irgendetwas scheut", sagt Xenophon, „da muss man es nicht auf raue, sondern auf beruhigende Weise belehren, dass nichts an der Sache zu fürchten sei." Mit dem Zureiten von Fohlen soll sich dagegen ein eigens dafür ausgebildeter Bereiter kümmern, mit dem man schriftlich ausmachen muss, was das Pferd bei der Zurückgabe gelernt haben soll (vgl. Hippike 2, 1–5).

Was Xenophon von einem kriegstauglichen Pferd erwartet, hat er auch auf folgende Weise kurz zusammengefasst: „Ein Pferd, das gut auf den Füßen, sanft und ein gehöriger Läufer ist, die Arbeit zu ertragen Willen und Kraft hat und besonders gern gehorsam ist, das wird natürlich in Kriegszeiten seinem Reiter nicht nur am wenigsten Unlust bereiten, sondern auch am meisten zu seiner Sicherheit beitragen. Die aber, welche wegen Trägheit, viel Treibens oder, weil allzu feurig, viel Schmeicheln und Behan-

delns nötig machen, nehmen die Hände des Reiters gänzlich in Anspruch
und zugleich ihm selbst den Mut in Gefahren" (Hippike 3, 12). Genauso
präzise fasst aber auch Xenophon das zusammen, was man von einem guten Reiter erwarten kann: „Niemals im Zorn einem Pferd entgegenzutreten,
ist gegenüber vom Pferde die erste und beste Regel und Gewohnheit. Denn
es ist etwas Unüberlegtes um den Zorn, so dass er häufig tut, was man
nachher bereuen muss." Auch für das Trainieren des Pferdes selbst hat Xenophon eine grundsätzliche Regel: „Den Menschen haben die Götter verliehen, einen Menschen durch Worte zu lehren, war er tun muss; ein Pferd
aber, das ist klar, kann man durch Worte nichts lehren. Dagegen, wenn
man es, sobald es seine Sache nach Wunsch macht, dafür belohnt, sobald
es ungehorsam ist, straft, dann wird es so seine Schuldigkeit am ehesten
tun lernen" (Hippike 8, 13).

Die Anweisungen, die Xenophon dann im Einzelnen für den Umgang
mit einem besonders unruhigen Pferd gibt, beruhen auf einer Kenntnis
vom Wesen und dem jeweiligen psychischen Zustand des Pferdes, wie es
die moderne Verhaltensforschung nicht besser erfassen könnte. Vom Aufsitzen und Antreiben bis zum richtigen Galoppieren, Springen und Anhalten berücksichtigen alle seine detaillierten Instruktionen die natürliche Ei-
genart und Verhaltensweise des Pferdes. So sagt Xenophon: „Wie man einen Menschen am wenigsten erzürnt, wenn man nichts sagt oder tut, was
ihm unangenehm ist, also wird auch ein hitziges Pferd am wenigsten erzür-
nen, wer ihm nichts zu Leide tut. Gleich beim Aufsteigen muss man daher
Sorge trage, dass man ihm beim Aufsitzen so wenig als möglich weh tue,
wenn man aber aufgesessen ist, soll man es längere Zeit still halten als
sonst bei einem ruhigen Pferd und es dann mit möglichst sanften Hilfen in
Gang setzen, um es sofort aus der anfangs langsamsten in immer raschere
Bewegung zu bringen, so dass das Pferd selbst gar nicht weiß, wie es in
die Hast hineingekommen ist. Jede Hilfe aber, die man plötzlich gibt,
macht ein hitziges Pferd unruhig, gerade wie einen Menschen jedes für das
Auge sowohl als für das Ohr und Gefühl unerwartete Begebnis. Man muss
sich merken, dass bei einem Pferd alles Unerwartete Unruhe verursacht"
(Hippike 9, 3–5).

Obwohl Xenophon den Rat gibt, bei Schwierigkeiten, die das Pferd
beim Aufzäumen und Aufsteigen macht, es noch einmal zu versuchen,
nachdem das Pferd sich bereits abgearbeitet hat, ist er doch strikt dagegen,
Gehorsam durch Übermüdung des Pferdes zu erzwingen: „Wer aber
glaubt, er werde das Pferd wenn er es zu schnellem und langem Lauf an-
treibt, durch Versagen seiner Kräfte beruhigen, der hat eine der Wirklichkeit entgegengesetzte Ansicht. Denn in solchen Fällen sucht das hitzige

Pferd nicht nur am ehesten auszureißen, sondern bringt auch in seiner Aufregung, wie ein jähzorniger Mensch, häufig sich selbst und dem Reiter
vielfach den ärgsten Schaden" (Hippike 9, 8). Dass bei Xenophon die Reitkunst ganz im Dienst der Kriegsführung steht, geht schon daraus hervor,
dass er Reitübungen vorschlägt, die den Situationen im wirklichen Kampfgetümmel entsprechen: „So ist es auch eine gute Übung, wenn zwei Reiter
sich miteinander verabreden und der eine mit seinem Pferd auf allerlei Boden flieht und mit rückwärts gekehrtem Spieße zurückweicht, der andere
aber mit vorn abgerundeten Wurflanzen und ebenso hergerichtetem Spieße
nachsetzt und sobald er in Wurfweite kommt, die stumpfen Lanzen nach
dem Fliehenden schleudert, sobald er auf Stoßweite kommt, dem Einge-
holten den Spieß zu fühlen gibt. Gut ist es auch, sobald sie einmal zusammentreffen, den Gegner an sich zu ziehen und plötzlich wieder zurück-
zustoßen: denn es ist das ein Mittel, ihn herabzuwerfen."

Abschließend kommt Xenophon dann auch auf das Paradieren zu sprechen. Die Regeln, die er dafür angibt, weisen ihn als einen Vorläufer des
modernen Dressurreitens aus, wie es kaum besser in der Hohen Schule des
Reitens im neuzeitlichen Europa ausgeübt worden ist. Er schildert Lektionen, die auch heute noch als fortgeschritten gelten und die nach Ansichten
von Pferdekennern „die Fähigkeiten von mindestens neunzig Prozent der
modernen Reiter übersteigen" (Edwards 1988, S. 84). Sie zeichnen sich
auch durch ein großes Verständnis des natürlichen Verhaltens der Pferde
und durch Vermeidung jeglichen Zwangs aus: „Sollte übrigens einer an
seinem zu Kriegszwecken tauglichen Pferd ein Tier haben wollen, das sich
auch beim Reiten stattlicher und in die Augen fallender ausnimmt, so muss
er sich des Zerrens mit dem Zügel, des Spornens und des Peitschens ent-
halten, wodurch die meisten mit ihren Pferden paradieren zu können meinen: denn diese Leute erreichen durchweg nur das Gegenteil von dem, was
sie bezwecken. Indem sie nämlich das Maul aufwärts ziehen machen sie
die Pferde blind, statt sie vor sich hinsehen zu lassen, und indem sie spor-
nen und schlagen machen sie dieselben stutzig, so dass sie unruhig werden
und Gefahr laufen, das aber ist das Verhalten von Pferden, denen das Reiten der größte Verdruss ist und die ihre Sache hässlich und nicht schön
machen. Wenn man aber das Pferd lehrt, mit lockerem Zügel zu gehen
und dabei den Hals hoch zu tragen und unmittelbar hinter dem Kopfe zu
krümmen, so wird man es auf diese Weise dahin bringen, dass das Pferd
tut, woran es selbst seine Freude hat und worauf es sogar stolz ist" (Hippike 10, 1–3). Wenn dagegen das Pferd nach Xenophons Meinung, etwas gezwungen tut, dann ist das genauso unschön und falsch, wie „wenn man einen Tänzer durch Peitsche und Sporn antreiben wollte. Es muss vielmehr

das Pferd infolge der Hilfen freiwillig in allem sich von der schönsten und glänzendsten Seite zeigen" (Hippike 11, 6).

Und auf seine eigene militärische Laufbahn hinweisend, beschreibt dann Xenophon auch den erhabenen kadenzierten Trab der Pferde einer Militärparade, die das Gegenstück zur modernen Passage darstellt: „Wenn es sich indes je einmal fügen sollte, dass der Besitzer eines solchen Pferdes Geschwaderführer oder Reiteroberster wäre, so muss er nicht darauf ausgehen, allein zu glänzen, sondern weit mehr darauf, sein ganzes Gefolge sehenswert erscheinen zu lassen ... Wenn er dagegen sein Pferd ermunternd weder zu schnell noch zu langsam, vielmehr in der Haltung, in welcher sich das mutigste Ross am stolzesten und in der Arbeit am schönsten ausnimmt, seinen Leuten voran reitet, so wird infolge davon ein solches Stampfen sowohl als Schnauben und Pusten zusammen entstehen, dass nicht bloß er selbst, sondern auch alle die hinter ihm her reiten, ein sehenswertes Schauspiel darbieten" (Hippike 11, 10–12).

Das Pferd Alexanders des Großen: Bukephalos

Ein Jahrzehnt nach dem Tode Xenophons bewies ein anderer berühmt gewordener Reiter seine bereits in jungen Jahren erworbene Pferdekenntnis. Es war kein Geringerer als der größte Feldherr und Eroberer der Antike, Alexander von Makedonien. Sein Vater Phillip II., der zur Sicherung seines Reiches gegen den Einfall der Perser eine schlagkräftige Reiterei aufgebaut hatte, erwarb von einem Thessalier um die große Summe von 13 (nach Plutarch) oder 16 Talenten (nach Curtius Rufus) einen Hengst, dessen Name Bukephalos, zu Deutsch: „Ochsenkopf" in die Geschichte einging. Als aber dieser Hengst dem König vorgeführt werden sollte, fand sich niemand, weder im Gefolge noch unter den Bedienten des Königs, der ihn zu reiten im Stande war. So sehr schreckte er durch sein Aufbäumen und wildes Wesen jeden ab, der aufsteigen wollte. Als man aber den wegen seiner Wildheit für ganz unbrauchbar gehaltenen Hengst wieder zurückgeben wollte, sagte der damals dreizehnjährige Alexander seufzend: „Was für ein herrliches Pferd geht durch die Furchtsamkeit und Ungeschicklichkeit dieser Leute verloren!" Dies wiederholte er so oft, bis es ihm endlich sein Vater erlaubte, das Pferd zu bändigen mit der Maßgabe, dass er, wenn es ihm nicht gelänge, den ganzen Kaufpreis selbst bezahlen müsse. „Alexander ergriff hierauf das Pferd bei dem Zaum und stellte es mit dem Kopf gegen die Sonne, so dass es seinen Schatten nicht wahrnehmen konnte. Denn er hatte vorher bemerkt, dass es durch desselben An-

Abb. 9: Alexander der Große und Bukephalos (Ausschnitt nach einem in Pompeji
ausgegrabenen Mosaikgemälde, nach Becker 1884)

blick noch wilder geworden. Da es dem ungeachtet noch fort tobte, strei-
chelte er ihm die Mähne, ließ unbemerkt seinen Mantel fallen und saß mit
einem Sprung auf ihm, so heftig es auch tobte. Nun aber fing es, des
Zaums noch ungewohnt, hinten und vorne an auszuschlagen und sträubte
sich hartnäckig gegen das Gebiss. Endlich aber suchte es auszureißen und
lief mit der größten Schnelligkeit fort. Die Ebene war sehr groß und zum
Reiten bequem. Alexander ließ daher dem Pferde in seinem Toben und
Springen nicht allein den Zügel völlig schießen, sondern gab ihm auch die
Sporen und munterte es durch starkes Zurufen noch mehr zum Laufen auf.
Nachdem er nun eine ziemliche Strecke zurückgelegt, und das nunmehr
müde Pferd stehen bleiben wollte, so hörte er nicht eher auf, es immer wieder anzutreiben, bis es nicht mehr laufen konnte, sondern, durch Müdigkeit
gebändigt, sich willig und geduldig zurückreiten ließ. Der König empfing
den Prinzen mit Freudentränen bei seinem Absteigen, küsste ihn und sagte:
Du musst dich nach einem größeren Reich umsehen, mein Sohn, für deinen großen Geist ist Makedonien zu klein" (Curtius Rufus 1, 4).
    Bekanntlich hat Alexander diese Worte seines Vaters in die Tat umge-
setzt und mit seinen Kriegszügen ein Reich erobert, das von Makedonien
über Griechenland und Kleinasien bis zum Indus reichte. Bukephalos war
auf diesen Eroberungszügen sein treuer Begleiter bis zu seinem Tod im

Jahre 327 v. Chr. in der Schlacht gegen den indischen König Poros. Dieser König galt wegen seiner gefürchteten Kriegselefanten als unbesiegbar. Doch Alexander setzte den Elefanten und ihren Führern mit seiner mit Wurfspeeren ausgerüsteten Reiterei so zu, „dass die von vielen Wunden erschöpften Elefanten ihre Leute mit Gewalt herunterwarfen und sogar ihre herabgestürzten Führer zertraten. Poros, der sich dadurch fast ganz allein gelassen sah, schoss eine Menge von Wurfspießen, die er in dieser Absicht vorher schon in Bereitschaft gehalten, von seinem Elefanten auf den von allen Seiten auf ihn los dringenden Feind und verwundete dadurch viele. Da auch auf ihn von allen Seiten her geschossen wurde, hatte er schließlich neun Wunden auf der Brust und im Rücken und war dadurch schon derart verblutet, dass ihm seine Wurfspieße aus der kraftlosen Hand entfielen. Sein noch nicht verwundeter wütender Elefant, drang noch immer auf den Feind ein bis endlich sein Führer sah, dass der König ganz kraftlos nicht einmal mehr die Wurfspieße halten konnte, und den Elefanten zur Flucht trieb. Alexander setzte ihm zwar nach, aber der allzu stark verwundete Bukephalos sank unter ihm auf die Knie nieder, um seinen Herrn sogar noch im Sterben nicht abzuwerfen, sondern vielmehr sanft abzusetzen" (Curtius Rufus 8, 21). Bukephalos wurde nicht nur mit allen militärischen Ehren bestattet, sondern zu seinem Andenken gründete Alexander eine Stadt, der er den Namen Bukephalia gab. Nach einer anderen Überlieferung (vgl. Arrian anab. 5, 14, 4) wurde aber Bukephalos vom Sohn des Poros nur verwundet und starb nicht in der Schlacht, sondern, nachdem er dreißig Jahre gelebt, an Altersschwäche. Noch im 19. Jahrhundert soll es in Asien in jenen Ländern, deren Fürsten ihre Nachfolge auf Alexander zurückführen, direkte Nachkommen des Bukephalos gegeben haben, deren Besitz die Fürsten mit großer Eifersucht für sich allein beanspruchten.

Die Pferde der Römer

Die Römer waren zwar keine so großen Pferdeliebhaber wie die Griechen, von denen einer ihrer Dichter, Lukianos von Samosate, im zweiten Jahrhundert v. Chr. die bezeichnende Bemerkung machte: „Die Verrücktheit nach Pferden ist zu einer regelrechten Epidemie geworden; viele Menschen sind ihr verfallen, denen man mehr Verstand zugetraut hätte" (zit. nach Edwards 1988, S. 88). Sie waren aber gute Züchter, die eine Vielzahl von Rassen zu ganz bestimmten Zwecken hervorbrachten. Wie man vor allem durch den Agrarschriftsteller Columella erfährt, hat man bei der Pferdezucht der Römer drei Zweige unterschieden: „Die edle Zucht, welche Rosse für den Zirkus und die kultischen Spiele liefert, dann die Maultierzucht, die sich durch den Wert der aus ihr hervorgehenden Tiere mit der Edelzucht vergleichen kann, und schließlich die normale, welche gewöhnliche Stuten und Hengste liefert" (Columella 6, 27). Nach dem Wert der Tiere richtet sich dann die Beschaffenheit des Weidegrundes, den man ihnen gibt.

Columella gibt sowohl Regeln für die Züchtung der edlen Pferde und macht auch praktische Vorschläge, wenn die Paarung, sei es von Seiten des Hengstes oder von Seiten der Stute, nicht so recht klappen will. Völlig absurd dagegen klingt es, wenn er behauptet, dass es in unserer Entscheidung liegt, ob ein männliches oder ein weibliches Tier gezeugt wird. Er gibt nämlich Folgendes an: „Wenn man die Erzeugung eines Hengstfohlens wünscht, muss man den linken Hoden des Hengstes mit einem Leinenfaden oder sonst etwas dieser Art abbinden, wenn man ein Stutenfohlen haben will, den rechten, und dasselbe gilt fast bei allen Haustieren" (Columella 6, 28). Dagegen sind Columellas Anweisungen zur sorgfältigen Behandlung des neugeborenen Fohlens sehr vernünftig: „Man achtet sorgfältig darauf, dass es im geräumigen und warmen Stall bei seiner Mutter ist, damit dem noch zarten Tier kein Frost schadet und die Mutter es nicht in der Enge stößt. Später soll man es allmählich ins Freie führen und aufpassen, dass es nicht durch den Mist die Hufe verätzt. Wenn es dann kräftiger ist, entlässt man es auf die gleiche Weide, auf der die Mutter geht, damit die Stute sich nicht in Sehnsucht nach ihrem Jungen verzehrt; denn gerade diese Tierart erleidet durch Kindesliebe besonderen Schaden, wenn man die Jungen nicht zu den Müttern lässt" (Columella 6, 27).

Wie sehr das Reiten auf Pferden zumindest bei den vornehmen und reichen Römern zum alltäglichen Leben gehörte, zeigen die Aufstieghilfen, die in Form von Klötzen und Ständern aus Holz oder Stein in den Straßen der Städte aufgestellt wurden. Sogar auf öffentlichen Wegen außerhalb der Städte konnte man solche Vorrichtungen zur Bequemlichkeit der Reisenden finden, die in gewissen Entfernungen aufgestellt waren und von Straßenbeamten des Staates bewacht wurden. Denn Steigbügel gab es damals noch nicht. Man sprang entweder in freiem Sprung auf, wozu die Jugend schon früh geübt wurde, oder man verwendete zum Aufsitzen eine Lanze, an der ein Holzklötzchen befestigt war, das dem Fuß einen Stützpunkt bot. Ohne jede Anstrengung, konnte man das Pferd nur dann besteigen, wenn es wie der Bukephalos Alexanders des Großen im Niederknien geübt war. Den reichen Römern halfen Knechte aufsitzen und dem siegreichen Feldherrn die besiegten Feinde, die ihren Nacken zum Fußschemel darbieten mussten.

Wie Bukephalos mit Alexander dem Großen berühmt wurde, so hatte auch Caesar ein Pferd, das an seiner Berühmtheit teilhatte. Auch dieses Pferd, das den Namen Asturcus trug, duldete nur den Imperator auf seinem Rücken. Da die Römer mit der griechischen Kultur auch den Brauch übernommen hatten, berühmte Pferde in Prachtgräbern beizusetzen, wurde auch Arcturus feierlich zu Grabe getragen. In der späteren Kaiserzeit brachte der als geistesgestört geltende Kaiser Caligula (Regierungszeit 37–41 n. Chr.) sein Leibross Incitatus zu unverhoffter Berühmtheit. Denn dieses Pferd speiste nicht nur mit dem Kaiser am Tisch, wo ihm seine Mahlzeit in goldenen Schüsseln aufgetragen wurde, sondern es wurde auch von dem verrückten und menschenverachtenden Herrscher zum Konsul von Rom ernannt; – eine Ehre, die das Pferd kalt ließ, aber sicher umso mehr seine Amtskollegen erzürnte.

Die Pferde waren jedoch nicht nur auf den Triumphzügen der siegreichen Römer das erhabenste Glanzstück, sondern es waren auch die Pferde der Feinde, die das römische Weltreich in größte Bedrängnis brachten: allen voran Hannibals numidische Reiter und die Pferde des Spartacus im Sklavenaufstand.

Hannibals numidische Reiter

An der Nordküste von Afrika war das Pferd sehr früh bekannt. Schon bei der Gründung von Karthago fand sich ein Pferdekopf und wurde als ein günstiges Zeichen für die Macht und Herrschaft der neuen Stadt angesehen (Verg. Aen. 1, 446). Die größte Berühmtheit erhielten die lybischen Pferde. So sehr ihre Schnelligkeit, Ausdauer, Brauchbarkeit und Schönheit gelobt wird, so waren doch ihre Besitzer, die Numidier, in der Behandlung sehr sorglos. Sie putzten sie nicht, gaben ihnen weder Streu noch reinigten sie die Hufe, sondern ließen sie nach dem Gebrauch ohne weiteres auf die Weide gehen. Als Reiter zeichneten die Numidier sich besonders dadurch vor anderen Völkern aus, dass sie ganz ohne Zügel ritten und die Pferde nur mit einer Gerte lenkten (vgl. Livius 23, 25). Im Heere Hannibals, des großen und erfolgreichen Gegners der Römer, bildeten die numidischen Reiter neben den Kriegselefanten die Hauptwaffe. Nachdem bei der Überquerung der Alpen zwei Drittel an Fußvolk und Reiterei verloren gegangen waren, glaubte der römische Konsul Scipio, der als Erster Hannibal gegenübertrat, leichtes Spiel zu haben. Er hatte aber seine Rechnung nicht mit den numidischen Reitern gemacht. Von Hannibal angefeuert, der seinen Leuten klar machte, dass sie, die sie jetzt wie in einer unentrinnbaren Falle zwischen den Alpen und dem Meer gefangen waren, entweder siegen oder sterben müssten, waren sie bereit, mit der höchsten Erbitterung um ihr Leben zu kämpfen.

Als es auf einer weiten Ebene zum ersten Gefecht mit den Römern kam, standen die Numidier, nach einer kleinen Umschwenkung mit ihren schnellen Pferden plötzlich im Rücken der bestürzten Römer. Daraufhin setzte eine wilde Flucht ein, bei der das römische Heer fast zur Gänze aufgerieben wurde. Auch in der nächsten siegreichen Schlacht am Trasimenischen See, die Hannibal den Römern lieferte, waren die numidischen Reiter maßgeblich beteiligt. Die Gegend, wo der Trasimenische See dicht an die Berge von Kortona herantritt, war für einen Hinterhalt wie geschaffen. Denn von dort aus konnte Hannibal seine Mannschaft so verteilen, dass die Römer zwischen See und Berg eingekeilt, dem darauf folgenden Angriff völlig ausgeliefert waren. Da eine Flucht unmöglich war, wagten sich viele von den Römern so weit in den See hinein, als sie noch mit Kopf und Schultern hervorragen konnten. Manche trieb auch die unbesonnene Angst an, durch Schwimmen entfliehen zu wollen, kehrten dann aber ermattet wieder ans Ufer zurück, wo sie von den numidischen Reitern niedergehauen wurden, wenn sie nicht schon vorher vom Morast verschlungen worden waren.

Noch bitterer als die Niederlage am Trasimenischen See war für die Römer die darauf folgende Schlacht bei Cannae, in der Hannibal mit seiner Reiterei acht römische Legionen – das sind etwa 80 000 Mann – vernichtete und damit das Römische Reich fast an den Rand des Unterganges brachte. Der Sieg gelang ihm hier nicht nur durch eine geniale Einkreisungstaktik, sondern auch durch eine List der numidischen Reiter. Diese taten so, als wären sie Überläufer und begaben sich hinter das römische Heer, wo sie dann „ein gewaltiges Gemorde und eine noch weit größere Bestürzung und Unordnung verursachten" (Livius 22, 48).

Die Pferde des Spartacus im Sklavenaufstand

Auch in dem größten aller Sklavenaufstände im römischen Imperium, der von dem Thraker Spartacus angeführt wurde, spielten die Pferde eine entscheidende Rolle. Spartacus – nach Marx „der famoseste Kerl, den die ganze antike Geschichte aufzuweisen hat" (Bauer 1954, S. 87) – war Angehöriger jenes Volkes, das ein großes Gebiet im Norden und Osten von

Mazedonien bewohnte und in der Antike seit jeher wegen seiner Reitkunst und Wildheit bekannt war. Ihre Stärke war der Kleinkrieg. Mit ihren schnellen Pferden, die vom Tarpan abstammten und sich durch besondere Zähigkeit auszeichneten, überraschten sie die feindlichen Abteilungen, fügten ihnen Schaden zu und verschwanden wieder in die Berge. Auch von Spartacus kann man annehmen, dass er sowohl ein ausgezeichneter Reiter als auch ein ausgezeichneter Fechter war. Denn der zum Sklaven erniedrigte Thraker wurde von einem Fechtlehrer in Capua für seine Gladiatorenschule erstanden, die dann Ausgangspunkt des Sklavenaufstands wurde.

Die 78 Sklaven, die unter Führung des Spartacus aus dieser Schule ausbrachen, hatten zunächst als Waffen nur Küchenmesser und Bratspieße. Erst durch einen Überfall auf einen Wagen, der Fechtwaffen in eine andere Stadt bringen sollte, kamen sie zu einer richtigen Bewaffnung, mit der sie ihre Verfolger schlagen konnten. Spartacus rief dann auch die anderen Sklaven zum Aufstand auf, deren Lage so schlecht war, dass sie lieber den Tod diesem elenden Dasein vorzogen. Binnen weniger Wochen war dadurch die Zahl der Aufrührer auf 50 000 angestiegen, die Sieg um Sieg gegen die römischen Legionen erfochten, bei denen ihnen auch die Pferde der Besiegten in die Hände fielen. Als die Menge der aufständischen Sklaven lawinenartig anwuchs, die ganz Italien zu verwüsten begannen, schickte der Senat von Rom den Prätor M. Licinius Crassus mit acht römischen Legionen den Aufrührern entgegen. Spartacus erkannte die Gefahr, in der sich sein an Zahl überlegenes aber undiszipliniertes Heer befand und ließ es in einer Schlachtordnung aufstellen. Bevor die Schlacht begann, setzte er eine Tat, die nicht nur seine Entschlossenheit zu siegen oder zu sterben vor der ganzen Mannschaft demonstrieren sollte, sondern auch seine Einstellung zum Pferd als bloße Kriegsmaschine erkennen lässt. Von Plutarch wird die grausame Tat auf folgende Weise geschildert: „Vorher erstach er noch sein Pferd, welches man ihm brachte, mit diesen Worten: Wenn ich siege, so werde ich viele schöne Pferde von den Feinden bekommen, und wenn ich die Schlacht verliere, so brauche ich kein Pferd mehr" (Plutarch 1778, S. 112).

Der bittere Ausgang der Schlacht war tatsächlich der, dass Spartacus sein Pferd nicht mehr brauchte. Denn als er sich mitten in die feindlichen Reihen stürzte, wurde er von den Römern umringt und, von seinen Leuten allein gelassen, trotz tapferster Gegenwehr niedergestreckt.

Die Pferde der Germanen

Die germanischen Reiter sind seit Caesar als Hilfstruppen in den römischen Heeren anzutreffen. Das Vertrauen, das man in sie setzte, war so groß, dass man sie für völlig unentbehrlich hielt. Nicht nur Caesar bediente sich ihrer, sondern auch sein Gegner Pompeius. In der Schlacht bei Pharsalus gaben die Germanen sogar den Ausschlag und griffen so entscheidend in das Rad der Weltgeschichte ein. Wie Caesar berichtet, ritten die Germanen wie die Numidier auf nackten Pferden und ohne Zaum. Sie verachteten die Römer, die Sättel oder Kissen und Zaumzeug benutzten, so sehr, dass sie sogar auf Truppen, welche an Zahl ihnen weit überlegen waren, ohne

Abb.10: Pferdekämpfe bei den Germanen (aus Schoenbeck 1906)

Zögern einen Angriff wagten (vgl. Caesar, de bello gallico 3,2). Plutarch erzählt, dass Teutobochus, König der Teutonen, über vier und gar über sechs Pferde hinweg springen konnte (vgl. Schlieben 1867, S. 65). Von Caesar und nach ihm von mehreren Schriftstellern erfährt man auch Genaueres über das Aussehen der germanischen Pferde. Nach römischen Begriffen waren sie eher unschön und klein. Sie wurden abgerichtet, in der Schlacht auf der Stelle stehen zu bleiben, wenn der Reiter herunterfiel oder, um zu Fuß zu kämpfen, absaß. Caesar fand jedoch die Pferde der Germanen zum Kriegsdienst nicht recht geeignet und stellte daher den germanischen Hilfsvölkern römische Pferde zur Verfügung, was freudig akzeptiert wurde. Denn die höchste Belohnung bei den Germanen waren ein Pferd und ein Schlachtschwert.

Bei den Germanen gab es eine besondere Art von Pferdesport. Sobald die Sümpfe und Moräste, an denen Germanien so reich war, gefroren waren, wurden auf ihnen Rennen abgehalten, um zu bestimmen, welches die besten Pferde seien. Diese wurden dann den Göttern geopfert, die nächst besten erhielt der Fürst zu kriegerischen Zwecken. Außerdem gab es vor allem im Norden noch einen weiteren ziemlich rohen, aber uralten Pferdekampfsport.

Überall in Schweden und Norwegen gibt es Orte, an denen früher solche Pferdekämpfe abgehalten worden sind, die sich ebenso wild wie grausam abspielten. Von den entferntesten Teilen des Reiches wurden die Hengste dorthin gesandt, und man betrachtete es als eine besondere Ehre, einen siegreichen Hengst zu besitzen. Der Verlauf gestaltete sich so, dass man, nachdem die Zuschauer rings im Kreise Platz genommen hatten, eine Stute in den Kreis führte und daraufhin die beiden Hengste, die um sie kämpfen sollten. Dieser Kampf dauerte so lange, bis einer der Hengste zu Boden sank oder getötet wurde (vgl. Schoenbeck 1906, S. 92).

7. Die Pferde im Mittelalter

Das Mittelalter war in Europa die Zeit des christlichen Rittertums, das sowohl den Einfall der asiatischen Reitervölker der Hunnen und Mongolen verhinderte als auch die Eroberungszüge der Mohammedaner, Mauren oder Sarazenen zum Stillstand bringen konnte. Es war auch das Zeitalter der Kreuzzüge und fanatisch geführter Glaubenskriege. Für die Pferde dagegen war es die erzwungene Konfrontation zweier ihrer Schläge oder Unterarten, die in blutigen Schlachten gegeneinander getrieben oder auf langen entbehrungsreichen Märschen vor Hunger und Übermüdung den Tod fanden. Auf der einen Seite standen die schweren Schlachtrösser und Marschpferde der Ritter, auf der anderen die leichtfüßigen flinken Pferde der asiatischen und afrikanischen Reitervölker. Sie alle starben zu Hunderten und Tausenden in blindem Gehorsam den Heldentod für die Ideale oder Machtansprüche der Menschen, die sie nicht verstehen konnten.

Die gepanzerten Ritter und ihre Pferde

Schon die Römer verwendeten für ihre Kavallerie ein anderes Pferd als für die Rennen. Dieses Kriegspferd war größer, kräftiger und schwerer als das leichte Rennpferd. Je mehr sich der Reiter für den Nahkampf, Mann gegen Mann, durch Tragen eines Panzers schützen musste, umso mehr musste die Tragfähigkeit des Pferdes erhöht werden. Die Einführung des Feudalsystems im Mittelalter und mit ihm die Verpflichtung des adeligen Rittertums zu persönlichen Kriegsdiensten, gab einen gewaltigen Impuls zur Zucht jenes massigen Pferdes, das in den Ritterschlachten verwendet wurde. Nicht nur der Reiter, auch das Pferd wurde gepanzert, so dass es bald mehr als hundert Kilo zu tragen hatte. Es war, gleichviel, ob es zum Kriege oder zum Turnier ging, stets mit einer ledernen, ehernen, eisernen oder stählernen Rüstung versehen, die seinen Kopf, seine Brust, seinen Hals, seine Flanken und Füße und seine Kruppe bedeckte, die Kopfrüstung war oft mit Gold und kostbaren Steinen ausgelegt. Den ersten großen Erfolg konnten diese gepanzerten Ritter mit ihren schweren Pferden bereits im Jahre 732 erreichen, als sie unter Karl Martell die über die Pyrenäen eingedrungenen Mauren, die bereits die gesamte Iberische Halbinsel besetzt hatten, zurückschlugen. Denn die auf ihren schnellen Pferden zwar äußerst beweglichen maurischen Bogenschützen konnten dem furchtbaren Anprall der gepanzerten Franken in ihrer geschlossenen Schlachtordnung nicht standhalten. Andererseits waren aber die schweren fränkischen Pferde nicht schnell genug, um den geschlagenen Feind zu verfolgen. Der Enkel Karl Martells, Karl der Große, setzte ebenfalls die so erfolgreiche schwer gepanzerte Reiterei ein. Es war vor allem in seiner Regierungszeit, in welcher der christliche Ritter zum Symbol für Recht und Ordnung wurde.

Wenig später begann auch die Rückeroberung Spaniens, bei der ein Pferd, das Kriegsross des spanischen Nationalhelden Ruy Diaz de Vivar, besser bekannt unter dem Namen El Cid, eine bemerkenswerte Rolle spielte. Der Name dieses Pferdes war zwar ebenso wenig romantisch wie der „Ochsenkopf" Alexanders des Großen, denn es wurde „Babieca" (Dummkopf) genannt. Seine Leistungen waren aber ebenso großartig wie die von Bukephalos. Denn Babieca diente seinem Herrn zwanzig Jahre lang als treuer Kriegsgefährte und konnte noch nach dessen Tod die Mauren in Angst und Schrecken versetzen. Als El Cid 1099 in Valencia, schwer verwundet von den Mauren, welche die Stadt wieder einmal belagerten, seinen Tod herannahen fühlte, gab er seinen letzten Befehl: Sein Leichnam sollte aufrecht auf Babiecas Sattel befestigt und begleitet von seinen Gefährten in das Lager der Feinde reiten. Auf diese makabre Weise führte der tote El Cid in voller Rüstung und mit dem Schwert in der leblosen Hand seine schweigenden Reiter um Mitternacht ins Lager der Mauren. Die Ritter waren ganz in Weiß gekleidet und trugen weiße Banner. Das Visier von El Cids Helm war geöffnet, und es heißt, dass von seinem bärtigen Gesicht ein gespenstisches Leuchten ausging. Als die Mauren diesen geisterhaften Reiter, der mit erhobenem Schwert auf seinem weißen Pferd saß, herannahen sahen, erhob sich ein Geschrei, El Cid sei von den Toten auferstanden, sie flohen in Panik und wurden von den spanischen Reitern verfolgt und überwältigt. Babieca aber bekam sein Gnadenbrot und wurde bis zu seinem Tod nie wieder von jemandem geritten (vgl. Edwards 1988, S. 101).

Die gepanzerten Ritter saßen noch im elften und zwölften Jahrhundert häufig ab, um den Kampf mit dem Feind zu Fuß zu führen. Als jedoch die immer schwerere Rüstung für den Ritter zu Fuß zu einem unentrinnbaren Gefängnis wurde und ihm aufgrund mangelnder Wendigkeit die Kampftüchtigkeit nahm, wurde diese Art eines gemischten Kampfes aufgegeben. Und es entstand eine eigene berittene Kampfmaschinerie, die aus dem schwer gepanzerten Ritter mit seinen Knechten und Knappen gebildet wurde. Drei Pferde standen dem Ritter persönlich zur Verfügung, nämlich das eigentliche Streit- oder Schlachtross (Kastellan), das Marschpferd und schließlich das Packpferd (Klepper). Das Erste diente ausschließlich zum Kampf. Der Ritter bestieg es nur im Augenblick der Schlacht oder in den Turnieren. Vom Schlachtross verlangte man große Energie beim Angriff und die Fähigkeit schnelle Wendungen durchzuführen; vom Marschpferd einen weit greifenden Schritt, der die gewöhnliche Gangart auf den Märschen der Ritter mit ihren schweren Rüstungen war. Zur Vorbereitung für das Kriegshandwerk wurden die Schlachtrösser in den Turnieren trainiert. Erforderlich war dabei weniger die Schnelligkeit, als eine riesige Kraftleistung des Pferdes. Denn die Ritter sprengten im scharfen Galopp aufeinander los. Die Gewalt des Anpralls, das „aus dem Sattel heben" des einen Ritters, kostete nicht nur oft dem Reiter, sondern auch manchem Pferd das Leben. Der Kriegs- und Tourniersattel, der hauptsächlich aus einem mit Leder überzogenen Sattelbock aus Hartholz bestand, hatte vorn und hinten hohe, ebenfalls mit Leder überzogene Sattelbogen, welche den Ritter wie eingezwängt hielten, um ihm zu ermöglichen, dem furchtbaren Stoß der Lanze im vollen Lauf des Rosses Widerstand zu leisten.

Die Pferde der Kreuzritter und Ritterorden

Mit den Kreuzzügen, die der Verbreitung des Christentums und der Befreiung des heiligen Grabes in Jerusalem aus den Händen der Ungläubigen dienten, waren von allem Anfang an politische und wirtschaftliche Interessen verbunden. Dafür sorgte schon das Versprechen des Papstes, der allen Kreuzfahrern völligen Ablass ihrer Sünden zusicherte. Dieses Versprechen verfehlte seine Wirkung nicht. Wen die Hoffnung auf himmlischen Lohn nicht begeisterte, den bewog die erfreuliche Aussicht, seinen Gläubigern zu entrinnen und in fremden Landen reiche Beute machen zu können. Und so brach nach dem Aufruf des Papstes Urban II. auf der Synode von Clermont nicht nur ein geordnetes Heer von adeligen Rittern unter der Führung von Gottfried von Bouillon zum ersten Kreuzzug auf, sondern bereits zuvor wälzte sich, aufgestachelt von fanatischen Predigern, wie dem Eremiten Peter von Amiens, eine immer größer werdende Masse von verarmten Adeligen, Bauern und Landstreichern nach Südosten dem Heiligen Land entgegen. Da sie überall, wo sie plündernd und mordend durchzogen, als Straßenräuber zu betrachten waren, wurden sie von den erbitterten Ungarn, Bulgaren und Griechen massenweise erschlagen, bevor sie in drastisch verringerter Zahl nach der Überquerung des Bosporus' den Türken in die Hände fielen. So hatten nach manchen Berechnungen bereits zweihun-

derttausend Menschen, ohne das Heilige Land nur gesehen zu haben, ihr
Grab gefunden. Nicht viel besser erging es den Kreuzrittern. Sie waren
zwar trotz größerer Verluste bis Antiochien vorgedrungen. Dort aber stießen sie auf einen derart erbitterten Widerstand, dass sie bei der monatelan-
gen Belagerung in arge Hungersnot gerieten. Viele ernährten sich nur noch
von Leder, Baumrinden und noch viel widerlicheren Dingen, erkrankten
dadurch und starben reihenweise. Von den ursprünglich siebzigtausend
Pferden waren nur noch zweitausend übrig geblieben, die nicht umgekom-
men oder aufgegessen worden waren. Nur durch Verrat eines habgierigen
Kommandanten fiel schließlich die feindliche Stadt den Kreuzfahrern in
die Hände, die ein furchtbares Gemetzel begannen, das nur noch bei der
Einnahme von Jerusalem übertroffen wurde.

In Jerusalem vereinigten sich zuerst Gesellschaften freier, berittener
Männer zur Verteidigung des Heiligen Grabes und des Tempels, zur Pflege
der Kranken und zum Schutz der wandernden Pilger. Aus diesen Vereini-
gungen entstanden dann die geistlichen Ritterorden, deren Mitglieder sich
zwar den mönchischen Ordensregeln fügten und daher unverheiratet blieben, die aber zugleich Pferde besitzen und Waffen führen durften. Unter
ihnen gab es auch die Brüder, die aus dem niedrigen Adel stammten. „Diese Leute", schreibt der heilige Bernhard, „tragen niemals schmucke Ge-
wänder und waschen sich selten. Zottelig anzusehen mit ihrem ungekämm-
ten Haar, sind sie vom Staub verkrustet und wie verdorrt unter der Last
der Rüstung und dem Sonnenbrand. Ihre Pferde tragen keinen Zierrat oder
sind mit üppigem Geschirr aufgeputzt, denn diesen Männern ist es allein
um Kampf und Sieg im Namen Gottes zu tun, nicht um Pomp und Ange-
berei" (zit. nach Böhm 1996, S. 114). Die Pferde waren auch nicht Eigen-
tum der Ordensritter, sondern des Ordens. Denn auf einem Pferd, dem
Symbol eines besseren Lebens, zu sitzen, stand im Widerspruch zum Ge-
löbnis, in Armut zu leben. Die frühen Templer ritten daher zur Demonstration der Einhaltung ihres Armutsgelöbnisses zu zweit auf einem Pferd (vgl.
Hyland 1996, S. 152). Das sollte sich aber mit den immer größer werden-
den Anforderungen des Kampfes gegen die Ungläubigen und den wach-
senden Machtansprüchen der Ordensritter drastisch ändern. Schließlich
waren jedem Ritter drei Schlachtrosse und ein Marschpferd zugeteilt und
auch ihre Knappen bekamen je ein Schlachtross und ein Gebrauchspferd.
Wie aus den Regeln der Templer hervorgeht, standen dem Großmeister sogar vier Pferde und ein Bruder Kaplan zu sowie ein Schreiber mit drei
Pferden und ein Bruder Wachtmeister mit zwei Pferden (vgl. La Règle du
Temple 77). Auf gute Wartung und Pflege aller Pferde wurde größter Wert
gelegt.

Im Sinne ihres christlichen Auftrags verbanden vor allem die Templer, die Johanniter und die Deutschritter den kriegerischen Geist der Ritterschaft mit mönchischer Askese. Die Johanniter waren zunächst ein karitativer Verband, der bereits seit 1048 lange vor den Kreuzzügen in Jerusalem Kranke und Pilger in einem von frommen christlichen Kaufleuten errichteten Hospital pflegte. Erst viel später gab der Ritter Raimund de Puy der Gesellschaft bestimmte Ordensregeln, die vom Papst im Jahre 1120 bestätigt wurden. Die Templer, die sich nach der Benediktinerregel richteten, schützten ursprünglich Jerusalempilger mit der Waffe. Sie sollten jedoch nur im Dienst Gottes Blut vergießen. Denn die Vorstellung, um Gottes willen sei das Töten geboten, war für sie, anders als für die weltlichen Kreuzritter, von vornherein problematisch. Ihren Namen erhielten die Templer übrigens deshalb, weil ihnen ein Teil eines Palastes als Wohnung eingeräumt wurde, der an den ehemaligen Tempel Salomons angrenzte. Seit ihrer Gründung durch neun Ritter im Jahre 1118 unter Führung von Hugo von Payens erwarben sie sich immer größere Reichtümer und stellten schließlich um die Mitte des 13. Jahrhunderts auf einem eigenen Territorium in Frankreich eine mit Pferden wohl ausgerüstete Armee von 15 000 Mann auf, die den damaligen König so sehr besorgte, dass er unter dem Vorwand der Ketzerei den Orden auflöste und seinen Großmeister hinrichten ließ. Besser erging es dem Deutschen Ritterorden, der während des dritten Kreuzzuges von dem Sohn Friedrich Barbarossas, Friedrich von Schwaben, 1190 gegründet wurde, dessen Sitz aber dann später nach Marienburg in Preußen verlegt wurde, um dort mit der Waffe in der Hand das Christentum zu verbreiten und die Heiden zu bekämpfen. Für diese kriegerischen Unternehmungen in den schwierigen Sumpf- und Waldgebieten Preußens wurde eine eigene aus nichtadeligen Brüdern rekrutierte leichte Reiterei aufgestellt. Ihre Mitglieder trugen nicht den weißen, sondern einen grauen Mantel mit dem Ordenskreuz. Dadurch unterschieden sie sich augenfällig von den eigentlichen Rittern.

Während der mittelalterliche Ritter als Einzelkämpfer anzusehen ist, der den Kampf um der persönlichen Ehre und des persönlichen Reichtums willen führte, änderte sich diese Haltung mit den Ordensrittern und ihren Regeln. Nach der Templerregel war es dem Ritter streng verboten, sich vor dem geschlossenen Angriff in Einzelkämpfe einzulassen. Nur wenn es sich darum handelte, einen Christen aus Todesgefahr zu befreien, durfte der Templer die Reihen verlassen, um den Bedrängten zu helfen, musste dann aber sogleich wieder zurückkehren. Auch die Regeln des Deutschen Ordens verboten den eigenmächtigen Angriff. Das galt besonders für den Bannerträger der ja eine sichtbare Hilfe für die Orientierung der Gefolgs-

leute an ihrem Führer sein sollte. Wenn ein Bannerträger sich in einen eigenmächtigen Angriff verwickelte, musste er mit schärferen Strafen oder
sogar mit der Ausstoßung aus dem Orden rechnen. Nach dem ersten Zusammentreffen mit dem Feind scheint jedoch der Einzelkampf erlaubt gewesen zu sein.

Was das Tempo des Anreitens der schwer gepanzerten Ritter in ge-
schlossener Formation betrifft, ist es natürlich nicht mit dem gestreckten
Galopp der modernen Kavallerieattacke zu vergleichen. Denn mit der Ver-
stärkung des Panzers steigerte sich auch die Last, die die Pferde im Gefecht zu schleppen hatten. Im 12. Jahrhundert trug das Streitross etwa 170,
im 16. Jahrhundert sogar 220 Kilo. Mit diesem enormen Gewicht, das die
Pferde zu tragen hatten, war natürlich das Tempo des Anreitens von vornherein gering. Es erhöhte sich möglicherweise erst kurz vor dem Zusammentreffen mit dem Feind, jedoch auch dann nicht bis zum gestreckten
Galopp, den man meistens mit der Vorstellung einer Reiterattacke verbindet. Von den Tempelrittern ist bekannt, dass ihnen nur mit besonderer Erlaubnis gestattet war, Galopp zu reiten. Man wollte mit dieser Maßnahme
die Überanstrengung der Pferde vermeiden (vgl. Dellbrück 1923, S. 269;
vgl. Meyer 1982, S. 157).

Wie sehr im Mittelalter der berittene Kämpfer im Vordergrund stand,
zeigt sein Verhältnis zum Fußkämpfer. Durch das Pferd war der Reiter sowohl beim Marsch als auch im Kampf dem Mann zu Fuß überlegen. Dem
verachteten Fußvolk kamen daher lange Zeit im Kampf nur Hilfsfunktio-
nen zu. In der Schlacht von Benevent im Jahre 1266 soll König Karl von
Anjous seinen Rittern geraten haben, sich jeweils von einem oder zwei
Fußknechten begleiten zu lassen, die zuerst das Pferd des Gegners zum
Sturz bringen sollten, um dann den feindlichen Ritter, der sich in seiner
schweren Rüstung kaum bewegen konnte, umso leichter abstechen zu können (vgl. Dellbrück 1923, S. 284, vgl. Meyer 1982, S. 161). Die eigentliche Gefahr für das christliche Rittertum bildeten jedoch nicht ihre internen
Machtkämpfe um die Vorherrschaft in Europa, sondern der Einfall der
asiatischen Reitervölker der Hunnen und Mongolen, die mit ihren schnellen Pferden fast den Untergang des mittelalterlichen Abendlandes verursachten.

Die Pferde der Hunnen und Mongolen

Die Geschichte dieser Reitervölker und ihrer Pferde reicht von der Antike bis zur Neuzeit. Waren es in der Antike die Skythen, die in ihrer Lebensweise so untrennbar mit ihren Pferden verbunden waren, dass sie das Vorbild für die sagenhaften Zentauren abgaben, so verbreiteten im Mittelalter die asiatischen Reiterhorden der Hunnen und Mongolen unter der Führung von Attila und Dschingis Khan Angst und Schrecken in Europa. „Die Natur kann den Kentaur nicht fester mit seinem Rumpf verbinden, als der Hunne zu Pferde sitzt", schreibt der spätrömische Historiker Claudianus. Wie die Skythen lebten und wohnten die Hunnen auf den Rücken ihrer Pferde, ja sie stiegen selbst dann nicht vom Pferde, wenn sie ihre natürlichen Bedürfnisse erledigten. Säbelbeinig, bartlos, mit zottigem Haar und schriller Stimme, waren sie ein erschreckender Anblick, der ihre Gegner verwirrte und schon von allem Anfang in die Flucht schlug. Ihr Ursprungsgebiet war die heutige Mongolei, von wo aus sie plündernd und mordend zunächst in das Reich der Chinesen eindrangen. Ihre Stärke bestand darin, dass sie mit den Pferden verwachsen zu sein schienen. Sie schwärmten aus, umzingelten den Feind und beschossen ihn mit einem Hagel von Pfeilen und zogen sich darauf wie die Skythen in vorgetäuschter Flucht zurück, um plötzlich unvermutet erneut anzugreifen. Dieser Taktik konnte das chinesische Heer, das in früheren Zeiten nur aus Streitwagen und Fußtruppen bestand, nicht standhalten.

Solche Kriegserfolge konnten die Hunnen oder Hsiung-nu, wie sie die Chinesen nannten, jedoch nur auf Grund ihres unbedingten Gehorsams gegenüber ihren Anführer erreichen. Von ihrem größten Anführer Mao-tun berichten chinesische Quellen, das dieser mit einem „pfeifenden Pfeil" ein Ziel angegeben habe, auf das alle Bogenschützen zu schießen hatten. Wer das nicht tue, werde enthauptet. In der Wahl seiner Ziele war Mao-tun nicht zimperlich. Er ließ nicht nur auf seine „geliebte" Frau zielen, sondern auch, was ihm sicher viel schwerer fiel, auf sein Lieblingspferd. Alle, die erstarrt dastanden und nicht den Mut hatten zu schießen, wurden enthauptet. Bei diesem unnachsichtigen Gehorsamstraining tötete Mao-tun seinen eigenen Vater, seine Stiefmutter und seinen Bruder und sicherte sich damit auch gleichzeitig gegenüber den Machtansprüchen seiner eigenen Familie ab (vgl. Wiesner 1968, S. 146; Meyer 1982, S. 44).

Die Chinesen hatten zwar seit dem dritten Jahrhundert ihre Armeen von den schwerfälligen Streitwagen auf bewaffnete Reiter umgestellt, deren Pferde aber, wie ein chinesischer Beamter aus dieser Zeit zugeben musste, mit den Pferden der Hunnen „nicht konkurrieren konnten, wenn es um das

Erklimmen steiniger Berge geht oder um das Durchwaten von Gebirgsströmen, ebenso wenig unsere Reiter mit ihren beim Galoppieren über steile Pfade oder beim Abschießen von Pfeilen in schneller Bewegung" (zit. nach Edwards 1988, S. 109). Nach wiederholten Einfällen dieser wilden Horden in China versuchte der Kaiser Wu-ti im Jahre 126 v. Chr. durch Einfuhr von Pferden aus dem Westen eine Reiterei zu gründen, die den Hunnen standhalten konnte. Zu diesem Zweck schickte er zunächst Gesandte nach Baktrien, das für seine Goldenen oder Himmlischen Pferde, die als Nachkommen der Pferde Alexanders des Großen galten, bekannt war. Nachdem es den kaiserlichen Gesandten nicht gelang, auf friedliche Weise durch Tauschhandel zu einer größeren Anzahl dieser berühmten Rassepferde zu kommen, setzte Wu-ti hintereinander zwei Armeen in Marsch, um sich die dringend benötigten besseren Pferde mit Gewalt zu holen. Auf diesen mehrere Tausende von Kilometern langen Märschen starben unzählige Männer und etwa hunderttausend Reitpferde an Hunger und Erschöpfung. Aber mit der gegenüber diesem großen Aufwand vergleichsweise geringen Beute von fünfzig oder nur dreißig reinrassigen Hengsten und fast dreitausend Halbbluthengsten und Stuten gründete der Kaiser riesige Gestüte, auf denen schließlich über 300 000 Pferde lebten.

Die Hunnen hatten diesen Pferden, die ihren eigenen zähen aber kleinen Pferden an Kraft und Schnelligkeit überlegen waren, nichts mehr entgegenzusetzen. Daher wandten sie sich mit ihren Raubzügen nach Westen. Bei ihren ständigen Einfällen hinterließen sie immer wieder eine schreckliche Spur blinder Verwüstung und abscheulicher Gräueltaten. Angeblich sollten sie sogar ihre Gefangenen in großen Wasserkesseln gekocht und danach deren Fett abgeschöpft haben (vgl. Bauer 1996, S. 109). Ihre Kampfweise, mit wiederholten Scheinangriffen die gegnerischen Reihen in Unordnung zu bringen, war ebenso gefürchtet wie ihre Schießkunst mit Pfeil und Bogen. Zwar gelang es den Römern und deren Verbündeten in der Schlacht auf den Katalaunischen Feldern 451 n. Chr. dem Vormarsch der Hunnen Einhalt zu gebieten, aber der Friede war trotz des bald darauf folgenden Todes ihres Königs Attila, der auch die „Geißel Gottes" genannt wurde, nur von kurzer Dauer. Bereits hundert Jahre später fiel in Osteuropa das mongolische Reitervolk der Awaren ein, das erst durch Karl den Großen vertrieben werden konnte.

Hunnen und Awaren hatten zwar in Europa Angst und Schrecken verbreitet, in ihrer Ausbreitung wurden sie aber von den Eroberungszügen der erbarmungslosen Mongolenhorden des Dschingis Khan am Beginn des 13. Jahrhunderts noch übertroffen. In weniger als zwanzig Jahren stürmten diese schrecklichen Reiter vom Norden Chinas durch ganz Asien bis zu den Ufern der Donau. Das ganze mongolische Heer war beritten und seine Anführer entwickelten unwiderstehliche Taktiken für leichte Reitertruppen, von denen man behaupten kann, dass sie seitdem von Militärexperten immer wieder studiert und sogar für die moderne mechanisierte Kriegsführung übernommen wurden (vgl. Simpson 1977, S. 43). Wie für ihre Vorfahren, die Hunnen, war auch für die Mongolen das Pferd nicht nur Fortbewegungsmittel und Waffe, sondern zugleich auch Speis und Trank. Stutenmilch war das Hauptgetränk, entweder noch frisch oder leicht vergoren und lieferte entwässert auch Quark und Butter. Die Pferde wurden auch geschlachtet und ihr Fleisch gegessen Als eiserne Ration diente getrocknetes Fleisch, das unter dem Sattel weich geritten wurde. Zur Not wurde sogar die Halsvene eines lebenden Pferdes geöffnet und das hervorquellende Blut getrunken oder über dem Feuer gekocht und gegessen.

Im Unterschied zu den Heeren anderer Eroberer brauchten die Mongolen daher keinen Nachschub und ihr Überleben hing auch nicht nur vom Jagen oder von Plünderungen der Nahrungsmittel aus der näheren Umgebung ab. Sie konnten sich immer durch ihre Pferdeherde selbst versorgen, die so groß war, dass jeder Reiter mindestens drei Pferde hatte, die er häufig wechselte. Dadurch ist auch die große Schnelligkeit erklärbar mit der sich die Eroberungszüge der Mongolen verbreiteten. Denn auf diese Weise mit Ersatzpferden versorgt, konnten größere Einheiten der Mongolen bis zu 125 Kilometer am Tag zurücklegen. Die mitlaufenden Pferde dienten aber noch einem weiteren, finsteren Zweck. Sie halfen den Mongolen, den Eindruck gewaltiger Kampfkraft zu erwecken. Denn sie banden oft Puppen auf ihre überzähligen Pferde, damit ihre Feinde glauben sollten, sie hätten es mit wesentlich größeren Verbänden zu tun, als dies wirklich der Fall war. Dieser Trick könnte der Grund für die gewaltigen Truppenstärken sein, die den Mongolen oft zugeschrieben werden.

Durch die Pferde, mit denen Dschingis-Khan sein Reich errichtete, wäre Europa beinahe untergegangen. Es war aber auch ein Pferd, das diesem ersten Ansturm der Mongolen ein Ende setzte. Dschingis-Khan starb im Jahre 1227 auf der Jagd, als sein Pferd, das vor einer Herde wilder Pferde scheute, sich beim Steigen überschlug und auf ihn stürzte (vgl. Edwards 1988, S. 117). Seine Nachfolger Kublai Khan und Tamerlan versuchten zwar das Weltreich der Mongolen durch Eroberungszüge in Asien und im Nahen Osten neu zu begründen. Nach kurzer Zeit zerfiel es aber immer wieder. Was übrig blieb, war nur die Erinnerung an Tod und Zerstörung. Deshalb konnte auch ein chinesischer General sagen: „Das Reich wurde vom Pferderücken aus gewonnen, aber vom Pferderücken aus kann man nicht regieren" (zit. nach Edwards 1988, S. 114).

8. Die Pferde der Araber

Während das Weltreich der Hunnen und Mongolen ebenso schnell zerfiel, wie es entstanden war, behielten die Araber ihren Ruf als berittene Krieger und Pferdezüchter bis weit in die Neuzeit hinein. Nach den Berichten der antiken Schriftsteller besaßen die Araber in der Antike nur wenige aber sehr edle Pferde, dagegen aber viele Kamele. So berichtet Herodot dass die Araber, die in dem ungeheuren Heer des Xerxes den Zug gegen Griechenland mitmachten, auf Kamelen ritten (vgl. Herodot 7, 86). In der Schlacht hatten sie den Vorteil, dass durch ihren Geruch und die ungewohnte Gestalt die Pferde der Gegner scheu wurden und umkehrten (vgl. Xenoph. Kyrop. 7, 1, 27; Herodot 1, 80).

Die Pferde Mohammeds

Den großen Aufschwung erlebte die Pferdezucht bei den Arabern aber erst mit dem Auftreten des Propheten Mohammed. Das Resultat dieser seit der Antike von den Arabern fortgesetzten Züchtung war ein Pferd, das zur Zeit des Propheten Mohammeds an Schönheit, Kraft, Ausdauer und Schnelligkeit seinesgleichen suchte. Denn Mohammed hatte eingesehen, dass der Auftrag zur Eroberung der Welt durch den Islam, den er seinem Volke vermachte, sich nur durch kühne Reiter ausführen lassen könnte (vgl. Abb. 11). Die Sorge für das Pferd liegt daher nicht nur im eigenen Interesse seines Besitzers, sondern wird vielmehr nach den Worten des Propheten durch die Religion geboten: „Für den Gläubigen, der sein Pferd so abgerichtet hat, dass er mit ihm im heiligen Kriege glänzt, werden der Schweiß, der Mist, der Urin seines Pferdes am Tage des jüngsten Gerichts mit auf die Waagschale des Guten kommen" (Daumas 1853, S. 50).

Bereits im Mittelalter gab es Werke, die über die Züchtung und Abrichtung der arabischen Pferde – vor allem für den heiligen Krieg – berichten. Eines davon war das Buch über das Kalifengeschlecht der Nacari, geschrieben von Abu Bekr ibn Bedr für den Sultan von Ägypten El Melik el Nacer Mohammed ibn Kalouam (1290–1340). Ein anderes stammt von Aly Ben Abderrahman Ben Hodeil el Andalusy, geschrieben auf Befehl des Sultans Mohammed VI. (1392–1408), von der ibn el Ahmar-Dynastie

Abb. 11: Mohammed und sein Reiterheer
(aus: Das Leben Mohammeds. Haidarabat 1850)

von Granada, die ihre Geschichte bis zu einem der Gefährten des Propheten Mohammed zurückführt. Von dort gehen auch zwei hauptsächliche
Traditionen über den Ursprung der arabischen Pferde aus:

Nach der einen hat eine Delegation des Beni Azid Stammes von Oman
Salomons Hof besucht und eines der diplomatischen Gastgeschenke, die
sie erhielten, war ein Zuchthengst mit dem Namen Zad el Rakeb (vgl.
Abou Bekr 1860, S. 122). Nach einer zweiten Tradition sind, als im Jahre
542 nach Christus der Marib-Damm in Jemen brach, fünf Stuten entkommen, von denen sich fünf Familien oder Hauptstämme arabischen Blutes
ableiten (vgl. Ibn Hodeil 1924, S. 317). Jede von diesen Traditionen hatte
einen Wahrheitskern. Salomon hat tatsächlich mit Arabien Handel getrieben und der Marib-Damm ist wirklich geborsten. Bevor der Damm brach,

war das umliegende Land extrem fruchtbar und im Stande, eine größere
Anzahl von Pferden zu ernähren, als irgendwo sonst in Arabien, wo außer
in den Oasen kein Grasen möglich war. In der Schrift von Abou Bekr (Vol.
I, S. 99–102) kann man auch von den Pferden lesen, die dem Propheten
selbst gehörten. Sie werden auch namentlich genannt, wie die Stute Sab-
bah und die Hengste Daris aus Medina, El Lizaz, ein Geschenk des Herr-
schers von Ägypten, oder El Mouroweh aus dem Jemen oder noch andere
Hengste, die zeigen, wie weit sich die Pferdezucht ausgebreitet hat. Die
Anzahl der Pferde im Heer Mohammeds war zunächst gegenüber den Kamelen noch sehr gering: 70 Kamelen standen nur zwei Pferde gegenüber.
Doch die Zahl der Pferde, die als Beute gemacht wurden, stieg bei jedem
Sieg der Araber an. Das Kamel wurde zwar auch noch nach dem Tode
Mohammeds extensiv benützt, doch die Erwerbung von Pferden bereicher-
te das Heer der Mohammedaner und ihr Kampf wurde dadurch effektiver.
Denn der Körperbau der Pferde ermöglichte eine bessere Position, von der
aus die Waffen vor allem gegen die Infanterie effektiver geführt werden
konnten. Die Gangart eines Reitpferdes war viel bequemer als die des Ka-
mels. Außerdem war das Pferd viel besser in einer bedrängten Kampfsitua-
tion zu lenken. Auch in der Verfolgung erwies sich das Pferd definitiv als
das viel schnellere Reittier. Am Anfang waren die arabischen Reiter
schlecht ausgestattet. Sie waren es gewohnt, ihre Pferde in der Schlacht
ohne Sattel und Steigbügel zu reiten. Arabische Reiter, die in byzanti-
nischen und persischen Heeren dienten, übernahmen sehr bald, bereits zu
Mohammeds Zeiten, die Ausstattung mit Sätteln aus Leder und Steigbügel
aus Holz und später aus Eisen, die einen besseren Stand für das Führen der
Lanzen und Schwerter boten. Nach der Vernichtung der Byzantiner und
der Eroberung von Syrien und Palästina wurde die Kavallerie die Hauptwaffe der arabischen Streitkräfte. Von der Zähigkeit und Treue der Pferde
ihren Reitern gegenüber gab es vor allem in den Kämpfen mit den Kreuzrittern einige Beispiele, die an Bukephalos Alexanders des Großen erinnern und bis zu den beiden Weltkriegen in unserer Zeit charakteristisch für
die Kriegspferde waren. So trugen die arabischen Pferde trotz schreck-
licher und sogar tödlicher Verwundungen ihre bedrängten Reiter aus dem
Schlachtgetümmel und retteten ihnen auf diese Weise das Leben: Bei einer
Truppe war ein Kurde mit Namen Kamil al Mashtub, der ein Pferd ritt von
gediegener schwarzer Farbe und groß wie ein Kamel. In einem Gefecht
mit einem Franken bekam sein Pferd einen Stich nahe dem Kehlkopf, seit-
lich des Kopfes. Die Lanze kam am unteren Ende des Nackens nahe dem
Widerrist heraus und durchbohrte den Schenkel des Reiters. Beide, Pferd
und Reiter, überlebten. Andere Pferde erlitten tödliche Wunden. Einem

wurde im Kampf das Herz durchbohrt und während das arterielle Blut herausgepumpt wurde, trug es seinen Reiter Usamah aus der Gefahr, bevor es zusammenbrach und starb (vgl. Hyland 1994, S. 165).

Die ersten umfangreichen Nachrichten von europäischen Gelehrten über die Pferde der Araber und ihr Zusammenleben mit den Menschen stammen erst aus dem 19. Jahrhundert. So berichtet Buffon in seiner berühmten Naturgeschichte, dass bei den Arabern auch die Stute und das Füllen zusammen mit der ganzen Familie in einem Zelt schlafen. Die Araber schlagen ihre Pferde nicht, sondern behandeln sie sanft, plaudern und reden mit ihnen. Sie striegeln sie abends und morgens sehr regelmäßig und mit so vieler Sorgfalt, dass sie ihnen nicht den mindesten Schmutz auf der Haut lassen, sie waschen ihnen die Beine, die Mähne und den Schweif. Sie geben ihnen aber den ganzen Tag über nicht zu essen, und nur zwei bis dreimal zu trinken, und bei Sonnenuntergang hängen sie ihnen einen Sack mit Gerste an den Kopf, der ihnen erst am andern Morgen, wenn sie alles gegessen haben, abgenommen wird. (vgl. Buffon 1847, S. 40)

Die Pferde der Sahara: General Daumas

Der größte Kenner des arabischen Pferdes in Europa war jedoch kein gelehrter Naturforscher wie Buffon, sondern der französische General Eugène Daumas (1803–1871), der lange Jahre in Algerien seinen Dienst versehen hatte. Daumas erlernte nicht nur die arabische Sprache, die es ihm ermöglichte, durch direkte Unterhaltungen mit Arabern jeden Standes über ihre Beziehung zu ihren Pferden Erfahrungen zu sammeln, sondern er versicherte sich auch der Überprüfung seines umfangreichen Materials durch einen der berühmtesten arabischen Reiter Abd el-Kader (1807–1883). Von den Berberstämmen zum Emir gewählt, führte dieser von seinem Geburtsort Mascara aus mit wechselndem Glück einen Guerillakrieg gegen die Franzosen. Durch einen Vertrag, den er mit dem kommandierenden französischen Marschall Bugeand 1837 schloss, erlangte er die Herrschaft über einen großen Bezirk seiner Heimat. Zu dieser Zeit (1837–1839) war Daumas bei ihm als französischer Konsul und bekam dadurch die Gelegenheit diesen hervorragenden Kenner „sowohl der Geschichte als aller die Pferde seines Landes betreffenden Angelegenheiten" (Daumas 1853, S. 201) zu befragen. Daumas, der in Abd el-Kader „die vollständige Personifikation des arabischen Volkes" sah, versäumte es auch nicht, ihm die erste Auflage seines Buches über die *Pferde der Sahara* (1853) vorzulegen, zu dem dann Abd el-Kader kapitelweise seine Bemerkungen schrieb.

Diese wertvollen Dokumente veröffentlichte Daumas zusammen mit den Mitteilungen des französischen Vizekonsuls J. Mazoillier in Tarsus über die arabischen Pferde Syriens und drei weiteren Briefen französischer Pferdekenner in einem zweiten Band der Neuauflage seines Buches. Dadurch entstand ein Werk, das damals wie auch heute noch in vielen Details als das „vollständigste Handbuch der Pferdewissenschaft eines Volkes" gilt, „das der Kühnheit seiner Reiter seine vergangene Größe und seine kriegerische Wichtigkeit verdankt" (Revue bibliographique, Mars 1852). Allerdings hatte das Werk nicht nur einen rein wissenschaftlichen Zweck, sondern das „Studium der algerischen Pferde" diente auch, wie der General selbst einleitend betont, zur Festigung der französischen Macht in Algier. Denn man muss nach seiner Meinung den von dem Zusammenleben mit den Pferden geprägten Charakter dieses „so wenig bekannten Volkes studieren, um es beherrschen zu können" (Daumas 1853, S. 7).

Die Untersuchungen des Generals beginnen mit dem Hinweis auf die widersprüchlichen Ansichten über die Beziehung der Araber zu ihren viel gerühmten Pferden: „Nach dem einen sind die Araber die ersten Reiter der Welt, nach dem anderen dagegen nur Pferdeschinder" (Daumas 1853, S. 8). Daumas wollte daher wissen, was daran wahr ist, welchen Wert das arabische Pferd in Wahrheit hat und welches die Vorteile sind, die man von ihm, vor allem natürlich für die Kriegsführung erwarten kann. Es gehört jedoch, wie der General erfahren musste, „viel Geduld und Gewandtheit für einen Christen dazu, um von den Muselmännern selbst unbedeutende Mitteilungen zu erhalten, die aber ihr düsterer Fanatismus ihnen sehr wichtig und deren Verbreitung ihrer Religion Gefahr bringend erscheinen lässt" (Daumas 1853, S. 8). Aus den unzähligen Unterhaltungen, die der General mit großem Geschick führte, war für ihn jedenfalls klar, dass „die Liebe zum Pferd in das arabische Blut übergegangen ist" (Daumas 1853, S. 9). Denn bei einem Hirten- und Nomadenvolk, das auf weit entfernten Weiden herumzieht und dessen Kopfzahl mit der großen Ausdehnung des Landes in gar keinem Verhältnis steht, ist das Pferd eine Lebensnotwendigkeit. Deshalb studiert man seine Gewohnheiten und Bedürfnisse, man besingt es in Liedern, man preist es in Unterhaltungen. In den Zusammenkünften unter freiem Himmel erwerben sich die Araber einen erstaunlichen Grad von Pferdekenntnis, den man sogar bei dem letzten Reiter eines Stammes finden kann: „Er kann nicht lesen, nicht schreiben und doch wird er sich bei jedem Satz seiner Unterhaltung auf das Zeugnis gelehrter Ausleger des Koran oder des Propheten selbst berufen" (Daumas 1853, S. 10). Diesem „gelehrten Unwissenden" kann man nach Daumas aufs Wort glauben, denn alle diese Sätze, alle diese Geschichten, sind ihm in der Absicht mitgeteilt worden, in ihm die Liebe zum Pferde zu erwecken und zu erhalten und ihm nützliche Vorschriften zur Ernährung und die besten Regeln für die Gesundheitspflege seines Pferdes mitzuteilen. Obwohl das Ganze manchmal mit groben Vorurteilen und lächerlichem Aberglauben umgeben ist, sollte man nach Meinung von Daumas nachsichtig sein. Denn „noch ist es nicht zu lange her, dass man in Frankreich fast gleiche Torheiten für unumstößliche Wahrheiten hinnahm" (Daumas 1853, S. 10). So soll nach einer in der Sahara weit verbreiteten Erzählung der Prophet zu den Arabern gesagt haben: „Die Güter dieser Welt bis zum Tage des letzten Gerichts werden an den Haaren zwischen den Augen euerer Pferde hängen" (Daumas 1853, S. 10). Für ein Volk, das von sich selbst sagt: „Unsere Pferde sind unsere Reichtümer, unsere Freude, unser Leben, unsere Religion", sind diese Worte des Propheten zu einem wahren Glaubensartikel geworden. Ob nun Mohammed sie wirklich gesprochen hat oder nicht, sie erreichen darum nicht weniger den Zweck, den ihr Urheber vor Augen gehabt hatte: die kriegerische Eroberung der ganzen Welt und die Verbreitung des wahren Glaubens. In diesem Sinne sind auch die Worte zu verstehen, die Gott bei der Erschaffung des Pferdes gesprochen haben soll: „Ich will auf Deinen Rücken nur Menschen setzen, die mich erkennen, an mich ihre Gebete richten, mir danken, Menschen, die mich anbeten", (Daumas 1853, S. 13). Als der Emir Abd el-Kader auf dem Gipfel seiner Macht war, bestrafte er jeden Gläubigen unnachsichtlich mit dem Tode, der überführt wurde, ein Pferd an einen Christen verkauft zu haben. Auch dort, wo die Pferdeausfuhr möglich war, wie in Marokko oder Tunis waren die Gesetze so streng, dass die Erlaubnis dazu rein illusorisch war.

Was ein Araber von seinem Pferd erwartet, lässt sich nach Daumas in folgende Worte zusammenfassen: „Es muss einen ausgewachsenen Mann, dessen Waffen, Kleider zum Wechseln, Lebensmittel für ihn und sich und eine Fahne, selbst an windigen Tagen tragen können, im Notfall noch einen Leichnam mit fortschleppen und den ganzen Tag laufen können ohne an Fressen und Saufen zu denken" (Daumas 1853, S. 38). Eine derartige Leistungsfähigkeit verknüpft mit blindem Gehorsam ist nur durch eine ebenso sorgfältige wie einfühlsame Erziehung des Füllens zu erreichen. So lässt man das Füllen mit seiner Mutter auf die Weide, wo es die seiner Gesundheit und der Entwicklung seiner Eigenschaften so nötige Bewegung findet. Der General Daumas bestätigt auch aus eigener Erfahrung die liebevolle Behandlung des Fohlens. Abends kehrt es zurück und schläft im Zelte seines Herrn. Hier wird es von der ganzen Familie liebevoll betreut. Die Kinder spielen mit ihm und geben ihm Brot, Mehl, Milch und Datteln.

Diese tägliche Berührung mit dem Menschen erzeugt die Klugheit, die man bei allen arabischen Pferden bewundert.

Die Abrichtung des Füllens

Die Abrichtung des Füllens, die mit 18 Monaten beginnt, ist zugleich die Ausbildung des jungen Arabers zum Reiten. Denn man lässt auf das Füllen zunächst nur einen Knaben aufsitzen, der es zur Tränke und auf die Weide reitet und es, um ihm an den Kinnladen nicht Schmerzen zu verursachen, nur mit einer Leine oder einem Gebiss, das sehr weich ist, leitet. Diese Übung bekommt beiden Teilen gleich gut, der Knabe lernt reiten, das Füllen gewöhnt sich daran, eine Last zu tragen, die seinen Kräften angemessen ist; es lernt Schritt gehen, vor nichts zu erschrecken, und daher kommt es, sagen die Araber, dass sie niemals widerspenstige Pferde haben. Erst mit 24 bis 27 Monaten fängt man an, das Füllen zu zäumen und zu satteln, jedoch geschieht dies nur mit der größten Vorsicht. Gesattelt wird es nicht eher, als bis es sich an den Zaum gewöhnt hat. Mehrere Tage legt man ihm ein mit roher Wolle umwickeltes Gebiss an, um ihm keine Schmerzen zu bereiten und auch, um es zu bewegen, das Gebiss im Maule zu behalten, da es den salzigen Geschmack der Wolle gern hat. Fängt es an zu kauen, so ist dies ein Zeichen, dass es sich schon ziemlich daran gewöhnt hat. Das so vorbereitete Pferd wird dann erst zum Herbstanfang bestiegen, weil es nun nicht mehr so sehr durch Hitze und Fliegen zu leiden hat. Um aber das junge Pferd an ein größeres Gewicht zu gewöhnen, führt man das Pferd, ehe man es durch einen Erwachsenen besteigen lässt, erst 14 Tage mit einem Packsattel, auf dem mit Sand gefüllte Körbe stehen, ruhig umher. So lernt es allmählich erst das Gewicht eines Kindes bis zu dem eines Mannes, der es nunmehr im Alter von 30 Monaten besteigen soll, zu tragen. Da das Tier noch jung ist, wird es nur im Schritt geritten und erhält ein ganz leichtes Gebiss. Es wird nur an Gelehrigkeit gewöhnt. Der Reiter ohne Sporen mit einer kleinen Gerte in der Hand, die zu missbrauchen er sich wohl hütet, reitet mit ihm auf den Markt, besucht seine Freunde, seine Weiden und Herden, kurz, macht alle Geschäfte auf ihm ab, ohne etwas mehr von ihm zu verlangen als Sanftmut und Gelehrigkeit. Dieses erreicht er am besten, wenn er immer nur mit sanfter Stimme mit ihm spricht, nie heftig wird und jede Gelegenheit zu einer Widersetzlichkeit vermeidet, die einen Streit herbeiführen würde, in welchem er nur auf Kosten seines Pferdes Sieger bleiben könnte.

In diesem Alter von 30 Monaten lehrt man das Füllen auch, nicht vom

Reiter fortzulaufen und nie den Platz zu verlassen, wenn ihm die Zügel über den Kopf geworfen sind und auf die Erde hinabhängen. Man verwendet auf diese Lektion die größte Sorgfalt, da sie im Leben der Araber von unendlicher Wichtigkeit ist. Man legt dem Pferde, um es abzurichten, das Fesselband an und stellt einen Diener daneben, der sich auf die herabhängenden Zügel stellt; will es entlaufen, so erhält es einen empfindlichen Ruck an den Laden. Ist diese Übung mehrere Tage hintereinander fortgesetzt, so steht es wie ein Pfosten still auf der Stelle und wartet so selbst ganze Tage auf seinen Herrn. Diese Abrichtung der Pferde ist in der ganzen Sahara so verbreitet, dass die erste Sorge dessen, der einen Reiter getötet hat und dessen Pferd haben will, die ist, ihm die Zügel schnell über den Kopf zu werfen. Dann rückt es sich nicht von der Stelle und gestattet dem Sieger, erst ruhig den Toten auszuplündern und es dann mit sich zu nehmen. Gelingt dies aber jenem nicht, so eilt das Pferd zu seinen Goum zurück.

Von 30 Monaten bis zum Alter von drei Jahren fährt man mit der Einübung der erwähnten Lektion fort, um das junge Tier in der für den Krieg so notwendigen Gelehrigkeit zu befestigen und gewöhnt es außerdem daran, ruhig aufsitzen zu lassen, wobei man aber gleichfalls stets mit der größten Schonung verfährt. Der Araber bedarf in seinem an Abenteuern und Gefahren so reichen Leben vor allem eines Pferdes, das ruhig aufsitzen lässt. Die hierzu nötigen Lektionen werden so lange fortgesetzt, wie es sich als nötig erweist. Sie dauern aber jedes Mal nur kurze Zeit, um sie dem Tiere nicht langweilig zu machen. Zuerst lässt sich der Reiter von zwei Leuten helfen, davon einer die Zügel, der andere den Bügel hält und erreicht schließlich stets seinen Zweck. Nur kranke oder schlecht gebaute Pferde, sagen die Araber, zeigen sich bei dieser Lektion widerspenstig.

Zwischen drei bis vier Jahren verlangt man schon mehr vom Pferde, aber man füttert es auch gut. Man fängt an es mit Sporen zu besteigen und macht es in den früheren Lektionen sicher. Es gewinnt so an Mut und lernt vor nichts zu erschrecken. Das Geschrei der Tiere, die mit ihm im Zeltlager leben, das Geheul der wilden Tiere, die nachts herumstreifen, das Abfeuern von Flinten und Pistolen, das das Pferd ständig hören muss, haben es schon frühzeitig an das Kriegsleben gewöhnt. Den Ruf als Pferdeschinder haben sich die Araber nur aus zwei Gründen erworben. Einmal deswegen, weil sie ihre Füllen manchmal schon mit zwei Jahren zu großen und anstrengenden Märschen besteigen und ihnen sogar den Packsattel ohne Rücksicht auf ihre Kräfte und ihr Alter auflegen. Aber das geschieht nur dann, wenn sie dazu gezwungen sind, sei es, um ihre Familie oder ihre Habe zu retten, oder auch um den Gesetzen des heiligen Krieges (Djéhad) zu gehorchen. Der andere Grund für eine strenge, ja auch grausame Behandlung ergibt sich dann, wenn man trotz der vorsichtigen Erziehung Pferde findet, die aus Faulheit oder Tücke sich bäumen, ausschlagen, beißen, nicht vom Zelte fort wollen, an andern Pferden kleben, vor geringfügigen Gegenständen erschrecken und nicht an ihnen vorbei wollen. Dann wendet auch der arabische Reiter die Sporen an, deren Ende in Gestalt eines leicht abgerundeten Hakens gebogen und scharf zugespitzt ist. Er reißt mit ihnen dem Pferde über Bauch und Weichen lange, blutende Furchen. Um die Strafe noch zu vergrößern, reibt man die Wunden oft mit Salz oder Pulver ein. Eine derartig rohe Behandlung jagt den ungehorsamen Pferden zuletzt eine solche Angst ein, dass man sie oft unter dem Reiter urinieren sieht. Aber danach werden sie sanft wie ein Schaf und folgen ihrem Herrn wie ein Hund auf dem Fuße. Ein Pferd, das einmal so gezüchtigt worden ist, fällt selten in den alten Fehler wieder zurück. Die Araber sind von der Wirksamkeit dieser Strafen so fest überzeugt, dass sie ein Pferd für nicht gründlich zum Kriege abgerichtet halten, wenn es nicht diese rohe Prüfung einmal überstanden hat.

Aus all diesen Erkenntnissen über die Eigenschaften und die Erziehung des arabischen Pferdes zieht General Daumas, die Folgerung: „Es muss aus dem arabischen Dienst in den französischen übergehen, und nicht nur unsere Kolonie, auch unser Vaterland muss von dieser kostbaren Erwerbung Vorteil haben." Es ist dasselbe Pferd, welche jene furchtlosen Reiter ritten, die so hartnäckige Gegner der Römer waren. Hannibals Zug nach Italien, bei welchem die numidische Reiterei sich der römischen so überlegen zeigte, beweist für ihn, dass dies Pferd nicht bloß unter dem Himmelsstriche, unter dem es geboren ist, alle seine Kräfte zu entfalten vermag. Außerdem haben die von Mohammeds Anhängern unternommenen Eroberungszüge, weit entfernt davon, das Blut, das in seinen Adern fließt, zu schwächen, es vielmehr erneuert. Die Pferderasse, die man heutzutage in Afrika findet, zeigt für Daumas eine „glückliche Verbindung der Gaben, die das Erbteil des Pferdes der weiten Strecken und der glühenden Sonne sind". Nach der Einnahme Algiers durch die Franzosen hatten auch die religiösen Vorurteile an Kraft verloren. Die Araber fingen an, ihren Glaubensfanatismus dem Handelsgeist zu opfern und sogar einige ihrer besten Renner für die Christen auf den Markt zu bringen. Dadurch war auch sehr bald, wie noch Daumas selbstzufrieden feststellen konnte, das europäische Pferd bei der französischen Armee in Afrika verschwunden. Denn es vermochte nicht die ungeheuren Beschwerden und die unaufhörlichen Märsche zu ertragen: „Kommt ein Offizier aus Europa nach Algier, um einer Expedition beizuwohnen, so ist es seine erste Sorge, sich inländische Pferde zu kaufen. Er würde sich wohl hüten, in der Wüste und noch weniger in den Bergen selbst mit Pferden herumzuziehen, welche bei den Wettrennen zu Chantilly, auf dem Marsfelde oder zu Satory die Gefeiertsten waren" (Daumas 1853, S. 109).

Das Lob des Araberpferdes: Brehm

Die Ausführungen des Generals Daumas und die Kommentare von Abd el-Kader waren auch die Hauptquelle für die Darstellung der Pferde der Araber in Brehms Tierleben. Mit diesem viel gelesenen und viel übersetzten populären Werk wurde das Lob des Araberpferdes und seiner verständigen Züchter auch in Deutschland und ganz Europa verbreitet: „Obenan unter allen Pferdestämmen steht noch heutigen Tages der Araber. Jahrtausende lange, verständnisvolle Zucht hat ihm allmählich Vollendung der Gestalt und eine Fülle trefflicher Eigenschaften verliehen" (Brehm 1877, S. 24). Um die Einzigartigkeit dieses edlen Pferdes zu betonen, beruft sich Brehm nicht nur auf die körperlichen Eigenschaften des arabischen Pferdes, wie „ebenmäßiger Bau, kurze und bewegliche Ohren, schwere, aber doch zierliche Knochen", sondern, durchaus entsprechend den Grundsätzen der modernen Verhaltensforschung, auch auf die rassebedingten Besonderheiten in den Verhaltensweisen, die von den Arabern von ihren Pferden verlangt werden: „Die Stute muss besitzen: den Mut und die Kopfbreite des Wildschweins, die Anmut, das Auge und das Maul der Gazelle, die Fröhlichkeit und Klugheit der Antilope, den gedrungenen Bau und die Schnelligkeit des Straußes und die Schwanzkürze der Viper" (Brehm 1877, S. 24).

Den Bericht des Generals Daumas, dass das Fohlen mit besonderer Sorgfalt erzogen und von Jugend auf wie ein Glied der Familie gehalten wird, kann Brehm auch aus eigener Erfahrung bestätigen: „Ich selbst sah eine arabische Stute, welche mit den Kindern ihres Herrn spielte, wie ein großer Hund mit Kindern zu spielen pflegt. Drei kleine Buben, von denen der eine noch nicht einmal ordentlich gehen konnte, unterhielten sich mit dem verständigen Tiere und belästigten es soviel als möglich. Die Stute ließ sich alles gefallen, zeigte sich sogar höchst willfährig, um die eigensinnigen Wünsche der spielenden Kinder zu befriedigen" (Brehm 1877, S. 25).

In den Augen der Araber ist das Pferd das edelste aller geschaffenen Tiere, und da sie glauben, dass die edlen Pferde schon seit Jahrtausenden in gleicher Vollkommenheit sich erhalten haben, wachen sie ängstlich über ihre Zucht. Deshalb herrschen auch, wie Brehm ebenfalls aus eigener Er-

fahrung weiß, besondere Gebräuche bei den Arabern vor. So hat fast jeder
Pferdebesitzer die „Verpflichtung, dem, welcher bittend kommt, seinen
Hengst zum Beschälen einer edlen Stute zu leihen. Hengste von guter Rasse werden sehr gesucht: die Stutenbesitzer durchreiten oft hunderte von
Meilen um solche Hengste zum Beschälen zu erhalten. Als Gegen-
geschenk erhält der Hengstbesitzer eine gewisse Menge Gerste, ein Schaf,
einen Schlauch voll Milch. Geld anzunehmen gilt als schmachvoll; wer es
tun wollte, würde sich dem Schimpfe aussetzen, ‚Verkäufer der Liebe des
Pferdes' genannt zu werden. Nur wenn man einem vornehmen Araber zu-
mutet, seinen edlen Hengst zum Beschälen einer gemeinen Stute zu leihen,
hat er das Recht, die Bitte abzuschlagen. Während der Trächtigkeit wird
das Pferd sehr sorgfältig behandelt, jedoch nur in den letzten Wochen ge-
schont. Beim Wurf müssen Zeugen dabei sein, um die Echtheit des Fohlens zu bestätigen" (Brehm 1877, S. 25).

Auch von den außerordentlichen Leistungen eines gut erzogenen arabischen Rassepferdes weiß Brehm zu berichten: „Es kommt vor, dass der
Reiter mit seinem Pferde fünf, sechs Tage lang hintereinander täglich Strecken von siebzig bis hundert Kilometer zurücklegt. Wenn dem Tiere hierauf zwei Tage Ruhe gegönnt worden, ist es im Stande, in derselben Zeit
zum zweiten Male einen gleichen Weg zu machen. Gewöhnlich sind die
Reisen, welche die Araber unternehmen nicht so lang, dafür aber durchrei-
tet man in einem Tage noch größere Entfernungen, auch wenn das Pferd
ziemlich schwer belastet ist" (Brehm 1877, S. 26). Gute Pferde trinken oft
zwei Tage nicht, haben kaum genug zu fressen und müssen doch den Willen ihres Reiters ausführen. Dies ist die Macht der Gewöhnung, denn die
Araber sagen, dass die Pferde wie der Mensch nur in der ersten Zeit ihres
Lebens erzogen und gewöhnt werden: „Der Unterricht der Kinder bleibt,
wie die in Stein gehauene Schrift, der Unterricht, welchen das höhere Alter
genießt, verschwindet wie das Nest des Vogels. Den Zweig des Baumes
kann man biegen, den alten Stamm nimmermehr!" (Brehm 1877, S. 26).

Während Daumas kaum Unterschiede zwischen den Pferden der westlichen Sahara, den Berbern und den in ihrer Heimat geborenen arabischen
Pferden kennt, weist jedoch Brehm darauf hin, dass die Araber selbst viele
Rassen ihrer Pferde unterscheiden und sieht es als eine bekannte Tatsache
an, dass das arabische Pferd nur da, wo es geboren wurde, zu seiner voll-
sten Ausbildung gelangt. Eben deshalb stehen nach seiner Meinung die
Pferde der westlichen Sahara, so ausgezeichnet sie auch sein mögen, noch
immer weit hinter denen zurück, welche im glücklichen Arabien geboren
und erzogen wurden. Nur dort findet man jene Pferde, die unmittelbar von
den Stuten des Propheten abstammen sollen. Wenn auch Brehm an der

Richtigkeit des Stammbaumes „gelinde Zweifel" hegt, so steht doch für
ihn soviel fest, dass der bereits während seines Lebens hoch geehrte Prophet vortreffliche Pferde besessen haben mag und dass also schon von diesem Vergleich auf die Güte der betreffenden Pferde geschlossen werden
kann. Ebenso sicher ist es, dass die Araber mit großer Sorgfalt die Reinhal-
tung ihrer Pferderassen überwachen. Schon die Hengste dieser angeblichen
Nachkommen der Pferde Mohammeds werden mit hohen Preisen bezahlt,
die Stuten sind kaum käuflich: „Ein Mann büßt seinen guten Ruf ein, wenn
er gegen Gold oder Silber einen so kostbaren Schatz weggibt. Wie kostbar
ein solches Pferd ist, geht schon daraus hervor, dass die Familie nicht dem
Mann, der in den Krieg zieht, sondern dem Pferde das beste Glück
wünscht. Und wenn dieses nach einer Schlacht allein zum Zelte herein-
kommt, ist der Schmerz über den im Gefecht gebliebenen Reiter bei weitem nicht so groß als die Freude über die Rettung des Rosses. Der Sohn
oder ein naher Verwandter des Gefallenen besteigt das edle Tier und ihm
liegt die Verpflichtung ob, den Tod des Reiters zu rächen. Wenn ein Pferd
in der Schlacht getötet oder geraubt worden ist und der Reiter allein zu Fuße zurückkommt, wartet seiner ein schlechter Empfang. Wehklagen will
kein Ende nehmen und die Trauer währt Monate lang" (Brehm 1877,
S. 27).

Als den Arabern ebenbürtige Pferdezüchter wurden auch schon damals
nach Brehms Meinung nur die Engländer angesehen: „Noch vor zwei Jahrhunderten züchteten die Spanier und Italiener bessere Pferde als die Briten;
seitdem sind jene ebenso zurückgegangen als diese vorgeschritten. Das
Rennpferd ist Ergebnis des beharrlich fortgesetzten Strebens, ein Pferd zu
erzielen, welches alle übrigen an Schnelligkeit im Laufen überbieten sollte. Arabische, türkische und Berberpferde sind die nachweislichen Stammeltern dieses Tieres, welches in den Augen der Engländer als das schönste
aller Pferde gilt, nach Ansicht jedes Unbefangenen aber dem Araber an
Schönheit nachsteht. Äußerst schlanke, an die Grenzen des Zerrbildlichen
streifende Formen zeichnen es aus" (Brehm 1877, S. 27).

Mit dem Hinweis auf die vor zwei Jahrhunderten von den Spaniern gezüchteten besseren Pferde, sind jene Pferde gemeint, die ihre Stammeltern
auf die Pferde der Mauren zurückführen konnten, die ja lange Zeit die ganze Iberische Halbinsel besetzt gehalten hatten. Es sind auch jene Pferde,
mit denen im 15. und 16. Jahrhundert die spanischen Konquistadoren
Amerika eroberten, aber auch zum ersten Mal diese dort vor vielen Jahrhunderten auf so rätselhafte Weise ausgestorbenen Tiere wieder einführ-
ten.

9. Die Eroberung Amerikas zu Pferde

Als Columbus am 12. Oktober 1492 auf der Insel San Salvador landete, hatte er noch keine Pferde dabei. Aber schon auf seiner zweiten Reise 1494 war er bereits mit Hunden und Pferden ausgerüstet, die er erbarmungslos zur Vernichtung der Indianer in Haiti einsetzte (vgl. Oeser 2004, S. 92 ff.). Als er 1506 starb, hatten die Spanier auf den größeren der Westindischen Inseln bereits Gestüte aufgebaut. Von dort aus begann auch die eigentliche Eroberung Amerikas zu Pferde. Im Februar 1519 brach Hernán Cortez (1485–1547) von Havanna auf, um Mexiko zu erobern, wo er wenig später mit einer Streitmacht von sechshundert Spaniern, zweihundertfünfzig Indianern und sechzehn Pferden landete.

Die Pferde der spanischen Eroberer

Diese sechzehn Pferde waren die ersten Pferde, die ihre Hufe auf den amerikanischen Kontinent setzten, nachdem die letzten Eiszeitpferde etwa achttausend Jahre vorher ausgestorben waren. Über die Pferde des Cortez gibt es genaue Aufzeichnungen von einem seiner Mitstreiter Bernal Diaz del Castillo. Nach dessen Bericht waren es elf Hengste: vier Dunkelbraune oder Schwarzbraune, zwei Braune, zwei Hellbraune, ein Fuchs und zwei Pintos (d. h. Gescheckte). Drei der fünf Stuten waren Schimmel, eine fuchsfarben und eine braun (vgl. Simpson 1977, S. 70). Tatsächlich erreichten aber siebzehn Pferde die mexikanische Küste. Denn eine Stute hatte während der Überfahrt gefohlt. Wahrscheinlich war dieses Fohlen das erste verwilderte Pferd des amerikanischen Festlandes. Als die Konquistadoren in gebirgiges Gelände kamen, wurde das Fohlen zurückgelassen. Bald danach wurde von den Eingeborenen am unteren Hang des Pico de Orizaba ein Pferd gesehen, das sich an ein Rudel Rotwild angeschlossen hatte. Alle Versuche es zu zähmen schlugen jedoch fehl. Es lief immer wieder weg und kehrte zu dem Wildrudel zurück, mit dem es groß geworden war. Cortez, der von allem Anfang an ahnte, dass er gegen den Ungehorsam seiner Soldaten ankämpfen musste, ließ in einem Akt unerhörter Kühnheit, der seinen Begleitern nur die Wahl ließ, zu siegen oder zu sterben, seine Schiffe an Land setzen. In dem darauf folgenden unbarmherzi-

Abb. 12: Cortez in der Schlacht von Otumba (aus Verne 1881)

gen Kampf gegen Tausende von eingeborenen Indianern waren, wie Cortez an Karl V. berichtete, „die Pferde unsere Festung, unsere einzige Hoffnung davonzukommen … sie allein waren unsere Rettung". Denn die von den Indianern für übernatürliche Wesen gehaltenen Reiter verbreiteten einen panischen Schrecken. Am Anfang wurden Pferd und Reiter von den Indianern als Einheit betrachtet, als ein Ungeheuer, „das sich selbst in zwei Teile spalten kann" (Dobie 1956, S. 26).

Gleich in den ersten Kämpfen verloren die verschreckten Indianer viele ihrer Stammesgenossen, während die Spanier mit zwei Toten und vierzehn verwundeten Soldaten davonkamen. Dabei wurden auch einige Pferde verletzt, die nach dem Kampf mit dem Fett, das die Körper der toten Indianer lieferten, verbunden wurden. Außerdem förderten die Spanier den Glauben der Indianer, die Ungeheuer nährten sich von Menschenfleisch. Der Ruf eines durch solche Ungeheuer unbesiegbaren Eroberers führte dazu, dass Cortez von dem damals bereits in seinem Volk unbeliebten Despoten Montezuma freundlich empfangen wurde. Der Konquistador dagegen erniedrigte Montezuma zu einem bloßen Scheinherrscher, der schließlich aus diesem Grund in seiner Hauptstadt von seinen eigenen unzufriedenen Leuten mit Steinen beworfen und von Pfeilen verwundet wurde. Worauf Montezuma jede Aufnahme von Nahrung verweigerte und mit einem Fluch auf die Spanier den Geist aufgab. Nach dem Tode Montezumas trat Cortez mit einigen hochgestellten Gefangenen als Geiseln, darunter ein Sohn und zwei Töchter Montezumas, den Rückzug an. In der Gegend von Otumba musste er sich jedoch einer großen Schlacht mit einem feindlichen Heerhaufen stellen, dessen Stärke manche Geschichtsschreiber auf 200 000 Mann angeben (vgl. Verne 1882, S. 320). Mit den wenigen ihm übrig gebliebenen Reitern gelang es jedoch Cortez, alles niederzurennen, was ihm im Wege stand, und zu einer Gruppe vorzudringen, in der sich der Banner tragende Anführer der Azteken befand. Als dieser von Cortes erbarmungslos niedergehauen wurde (vgl. Abb. 12), war die Schlacht entschieden und die von panischen Schrecken ergriffenen Indianer flohen nach allen Seiten. Ohne diese Reiterattacke wäre keiner der spanischen Konquistadoren am Leben geblieben, um von dieser blutigen Schlacht bei Otumba zu berichten.

Aber so sehr sich die Spanier auch bemühten, den Pferdemythos von den Fleisch fressenden, unbesiegbaren Ungeheuern aufrechtzuerhalten, verblasste dieser Mythos sehr schnell. Denn, wie Bernal Diaz del Castillo berichtet, gelang es den Indianern einmal, die Stute eines Spaniers zu töten. Sie schlugen ihr den Kopf ab und schickten ihn von Stadt zu Stadt, um zu zeigen, dass auch diese Ungeheuer sterblich seien. Trotzdem konnte noch zwanzig Jahre nach dem Erscheinen der Spanier in Amerika ein Teilnehmer einer zweiten spanischen Expedition schreiben: „Nächst Gott verdankten wir unseren Sieg den Pferden." Während der Eroberung Mexikos unter Cortez waren Pferde noch selten und erbrachten daher phantastische Summen. Doch zur Zeit dieser zweiten Expedition konnte ihr Anführer Coronado mühelos 1500 Pferde und Maultiere zusammenbringen. Denn inzwischen hatten Cortez, Alvarado und andere Konquistadoren bereits Gestüte eingerichtet. Antonio de Mendoza, der erste Vizekönig von Neu-Spanien, besaß mindestens elf Haziendas rund um die Stadt Mexiko; auf allen wurden wahrscheinlich Pferde gehalten, eine sehr ausgedehnte dieser Haziendas wurde ausdrücklich als Gestüt bezeichnet. Während seiner Amtszeit (1535–1550) breitete sich die Viehwirtschaft in Mexiko rasch aus. In ganz Mittelamerika entstanden ausgedehnte Zentren der Pferdezucht. Auf Kuba und anderen Inseln zogen die Grundherren unterdessen Luxuspferde heran und legten ihnen mit Silber beschlagene Sättel auf, die mit Juwelen besetzt und mit Gold eingelegt waren.

Auf der Coronado-Expedition nach Neu-Mexiko beobachteten die Spanier, wie Indianer sich mit Pferdeschweiß einrieben, um die Zauberkraft des „Großen Hundes" auf sich zu übertragen. Aber auch dieser Zauberglaube erlosch bald. Nicht einer der mehr als tausend Indianer, die Coronado als Diener und Verbündete begleiteten, war beritten. Einige, die zurückgeblieben waren und nichts zu essen hatten, stießen auf ein erschöpftes Pferd. Sie banden es mit allen Vieren an einen Baum, häuften Holz darum, brannten ein Feuer an, „rösteten das Pferd bei lebendigem Leibe und aßen es angesengt und halb gar" (Dobie 1956, S. 29). Bald nachdem die Expedition in ihre Winterquartiere am Rio Grande eingerückt war, überwältigten die Indianer nachts eine Pferdewache und trieben die Pferde weg. Der Lagerälteste, der ihrer Spur folgte, fand erst die Leichen von zwei oder drei mit Pfeilen getöteten Pferden, ein Stück weiter noch einmal mindestens fünfundzwanzig Kadaver und hörte dann hinter einem Palisadenzaun „einen großen Lärm". Die mit Pferdeschweiß eingeriebenen Indianer trieben die Pferde im Kreis herum und beschossen sie mit Pfeilen. Einige hatten den toten Pferden die Schwänze abgeschnitten und schwenkten sie unter Hohngeschrei wie Fahnen (vgl. Dobie 1956, S. 29).

Während in Mexiko Angst und Schrecken vor den Pferden und ihren Reitern zu schwinden begannen, lieferte die Eroberung von Peru durch Pizarro einen weiteren Beweis für die weltgeschichtliche Bedeutung des Pferdes. Denn auch hier gelang der Sieg über die Inka nur mit Hilfe der Pferde. Den Anlass zu der verhängnisvollen Reiterattacke, die über das Schicksal Perus entschied, lieferte die Weigerung Atahualpas die Oberherrschaft des spanischen Kaisers Karl V. anzuerkennen und den christlichen Glauben anzunehmen. Stattdessen warf der erbitterte Herrscher die ihm überreichte Bibel verächtlich zu Boden und verlangte Genugtuung für den erlittenen Schimpf. Aufs äußerste entrüstet über die dem heiligen Buch zugefügte Schmach, hob es der Mönch, der es Atahualpa überreicht hatte, schleunigst auf und rief Pizarro zu: „Seht Ihr denn nicht, dass sich die Felder mit Indianern füllen, während wir hier mit diesem stolzen Hunde reden und unsern Atem an ihn verschwenden? Greift augenblicklich an. Ich gebe Euch Absolution" (Prescott 1847/1975, S. 211). Daraufhin stürzte

Abb. 13: Die Gefangennahme Atahualpas
(aus der „Nueva Corónica" von Guaman Poma 1613)

sich Pizarro mit seiner Reiterei mit dem alten Kriegsruf „Santiago und los auf sie!" mitten in die indianische Menge. Die von panischem Schrecken ergriffenen Indianer wurden bei dem wilden Angriff niedergetreten. Die gleichzeitig abgefeuerten Kanonen verbreiteten dunklen Rauch, in dem die Schwerter blitzend zuckten, mit denen die spanischen Reiter nach rechts und links erbarmungslos ihre Hiebe austeilten. Die unseligen Eingeborenen waren mit Entsetzen erfüllt; denn zum ersten Mal sahen sie Ross und Reiter in ihrer ganzen Furchtbarkeit. Sie leisteten keinen Widerstand, sondern flohen Hals über Kopf, immer hitzig verfolgt von der Reiterei, die sich den Flüchtigen an ihre Fersen heftete und sie niederhieb.

Unterdessen wütete der Kampf oder vielmehr das Gemetzel rings um den Inkafürsten, dessen Person das eigentliche Ziel des ganzen Angriffs war. Seine Getreuen scharten sich um ihn, warfen sich den Angreifern entgegen und versuchten, diese aus den Sätteln zu reißen. Immer wieder zwangen sie die Reiter zurück, sich mit letzter Kraft an ihre Pferde klammernd, und sobald einer niedergehauen war, trat mit wahrhaft ergreifender Hingabe ein anderer an die Stelle des gefallenen Gefährten. Der Kampf rings um die königliche Sänfte wurde immer hitziger. Sie schwankte immer bedenklicher und nachdem etliche von den Edelleuten, die sie trugen, getötet worden waren, schlug sie schließlich um. Atahualpa wäre heftig zu Fall gekommen, wenn ihn Pizarro selbst nicht in seinen Armen aufgefangen hätte (vgl. Prescott 1847/1975, S. 212).

Die Zahl der Toten wird sehr verschieden angegeben. Pizarros Sekretär Garcilaso berichtet, zweitausend Eingeborene seien gefallen. Ein Abkömmling der Inka – eine zuverlässigere Quelle als Garcilaso – nennt die Zahl zehntausend. Dass es sich dabei nicht um ein wirkliches Gefecht gehandelt hat, geht schon daraus hervor, dass von allen Spaniern nur Pizarro allein eine kleine Wunde davontrug, die ihm noch dazu von einem seiner eigenen Soldaten aus Unvorsichtigkeit zugefügt wurde, als dieser sich gar zu hastig auf den Inkafürsten stürzen wollte. Das ganze Gemetzel, so unaufhaltsam es auch wütete, füllte nur die knappe Zeitspanne der Tropendämmerung, nicht viel mehr als eine halbe Stunde, eine kurze Zeit – und doch lang genug, um das Schicksal Perus zu entscheiden und die Dynastie der Inka zu stürzen.

Unter den Getreuen Pizarros befand sich auch ein junger Mann namens Hernando de Soto. Sein Anteil an der Ausplünderung Perus und der Ermordung des Inkaherrschers Atahualpa hatte ihm ein Vermögen und die Gunst des spanischen Kaisers eingebracht, der ihn zum Gouverneur von Kuba ernannte. Als Siebenunddreißigjähriger brach er zum zweiten Mal von Spanien auf, im Besitz einer Urkunde, die ihn ermächtigte, Florida zu erobern und zu besiedeln. Er hielt sich beinahe ein Jahr in Kuba auf, baute seine Gouverneursstellung aus, häufte ein großes Vorratslager an und kaufte die besten Pferde der Insel zusammen. Bei seinem Aufbruch von Havanna im Mai 1539 hatte de Soto mindestens 233, möglicherweise sogar 250 Pferde an Bord, dazu noch einige Maultiere, auf Indianer dressierte Bluthunde und außerdem noch Eber und Mutterschweine als Nahrungsreserve. Aber schon auf der neunzehntägigen Seereise von Kuba nach Florida starben zwanzig Pferde. Er war jedoch nicht der erste, dem auf der Schiffsreise an die Küste Floridas Pferde eingingen. Elf Jahre früher hatte Pánfilo de Narváez bei seiner Landung in Florida von achtzig Pferden nur noch zweiundvierzig lebend ausgeladen. Und alle diese zweiundvierzig Pferde, bis auf eines, über dessen Schicksal nichts bekannt ist, waren entweder im Kampf gefallen oder von ihren Reitern getötet worden, um diesem Land des Hungers und des Todes wieder entrinnen zu können. Bald nachdem de Soto an Land gegangen war, zeigte ihm ein Indianer die Schädel der Pferde, die von den Überlebenden jenes Unternehmens geschlachtet worden waren. Die Segel der Schiffe, mit denen sie die Rückkehr antraten, waren aus Hemden und Pferdehäuten zusammengestückelt gewesen, die Taue daran aus Mähnen und Schweifhaaren der Pferde geflochten, und das Wasser hatten sie mit der Haut von Pferdebeinen geschöpft.

Den Pferden de Sotos ging es nicht viel besser. Das erste Pferd, das man aus dem Schiff ausgeladen hatte, wurde sofort von einem Pfeil tödlich getroffen. Auf dem Weg ins Innere des Landes blieben die Pferde im Schlamm stecken und sanken vor aller Augen in die Sümpfe. Die Indianer fürchteten sich vor den Pferden, als ob sie gefährliche Raubtiere wären. Mehr als der Tod der Reiter freute sie der Tod eines Pferdes. Einmal gelang es ihnen bei einem Kampf mindestens zwölf Pferde zu töten und eine noch größere Anzahl zu verwunden. Die getöteten Pferde ließen die Spanier meist nicht liegen, sondern verarbeiteten sie zu Dörrfleisch, weil sie ihre Schweine für Notzeiten aufsparen wollten. Im Laufe der Zeit wurden die Pferde immer weniger und dadurch auch immer wertvoller. Wer sein Reittier verloren hatte, bot oft Tausende von Pesos – zahlbar, wenn Gold entdeckt und verteilt wurde – für die Pferde der glücklicheren Gefährten (vgl. Dobie 1956, S. 31).

Ende 1540 bezog de Soto Winterquartier in einer großen Indianersiedlung. Er lud den unterworfenen Häuptling zu einem Festessen ein und ließ dafür eines seiner erstaunlich flinken Schweine schlachten, denen das Leben in diesen Wäldern und Sümpfen besser bekam als den Männern und ihren Pferden. Diese Friedensgeste der spanischen Eroberer wurde jedoch schlecht belohnt. Und wieder waren es die Pferde, die daran glauben mussten. In einer kalten Nordwindnacht ließ der Häuptling die von den Spaniern belegten, strohgedeckten Häuser in Brand stecken. Kleidung, Ausrüstung, Vorräte und das Schießpulver der Expedition verbrannten. Zwanzig angehalfterte Pferde kamen im Feuer um, dreißig oder vierzig andere fielen den Bogenschützen zum Opfer. Ein Schuss war von solcher Wucht, dass de Soto ihn schriftlich festhalten ließ: Der Pfeil hatte das größte und fetteste Pferd des Lagers glatt durchschlagen und steckte hinter ihm im Boden. Der Rest der Expedition ging weiter. De Soto wollte und wollte nicht umkehren. Viele seiner Männer wurden krank. Einer von ihnen starb auf seinem Pferd, die Beine wie eine Klammer geschlossen und die Hände an den Zügeln. Die Pferde selbst waren so erschöpft, dass man vielen keine Last mehr zumuten konnte. Nach zweijährigem Umherziehen standen die verwahrlosten Männer mit ihren ausgemergelten Pferden endlich am Ufer des Großen Flusses, am Mississippi. Dort starb auch de Soto und seine Männer senkten des Nachts seine Leiche fünfunddreißig Meter tief ins Wasser. Er hinterließ fünf Sklaven – zwei Männer und drei Frauen –, viele Schweine und drei Pferde. Weder diese drei noch die anderen Pferde, die noch nicht von den Indianern getötet oder von den Spaniern zu Dörrfleisch verarbeitet worden waren, erlebten die Rückkehr der Expedition. Zweiundzwanzig von ihnen wurden zwar noch, als die Spanier versuchten, mit selbst gebauten Booten auf dem Mississippi den Golf von Mexiko zu erreichen, mit eingeschifft; sie wurden jedoch später wieder an Land gesetzt und entweder von den eigenen Besitzern geschlachtet oder von den Indianern getötet. In diesem Gebiet sind jedenfalls auch später niemals wilde Pferde gesichtet worden (vgl. Dobie 1956, S. 33 u. 35).

Ungeachtet dieser Tatsachen gibt es eine Erzählung, die so oft wiederholt wurde, dass sie Teil des amerikanischen Credos geworden ist. Diese Erzählung berichtet, dass die ersten Mustangherden von ein paar entlaufenen Pferden abstammten, die an den von de Soto und Coronado angeführten Expeditionen teilgenommen hatten. Nach neueren Forschungen steht jedoch fest, dass diese Legende unwahr ist (vgl. Simpson 1977, S. 71). Denn sowohl von den Pferden de Sotos als auch von denen der Coronado-Expedition sind fast keine wirklich entlaufen. Vielmehr gingen die meisten dieser Pferde an Hunger und Krankheit ein oder wurden von den Indianern getötet, die von ihnen noch keinen Gebrauch machen konnten. Nicht nur, dass die Indianer die Pferde selbst angriffen, auch ihre Taktik, die Spanier auszuhungern, zielte auf die Vernichtung der Pferde ab. Die später verwilderten spanischen Pferde, die Mustangs genannt wurden, stammten vielmehr von den immer zahlreicher angelegten Gestüten der Spanier ab, von wo sie entlaufen waren.

Verwilderung und Verbreitung der spanischen Pferde in Nordamerika

Von den verwilderten Pferden in beiden Teilen Amerikas gibt es ein ebenso romantisches wie wahrheitsgetreues zeitgenössisches Zeugnis. Es stammt von dem großen Naturforscher und Pferdeliebhaber Buffon, der diese in Freiheit lebenden Tiere den zahmen und dressierten Pferden Europas gegenüberstellt: „Schau die Pferde, die sich in den Gefilden des spanischen Amerikas vermehrt haben und als freie Pferde leben: ihr Gang, ihr Lauf, ihre Sprünge sind weder gezwungen noch abgemessen; stolz auf ihre Unabhängigkeit fliehen sie die Gegenwart des Menschen, verschmähen sie seine Sorgen, sie suchen und finden selber die Nahrung, die ihnen dienlich ist, sie irren, sie hüpfen frei umher in unermesslichen Wiesen, wo sie die frischen Erzeugnisse eines ewig frischen Lenzes sammeln, ohne festen Wohnsitz, ohne ein anderes Obdach, als das des heiteren Himmels, atmen sie eine reinere Luft als die jener gewölbten Paläste, worin wir sie einschließen, die Räume beengend, die sie einnehmen sollen, auch sind diese wilden Pferde weit stärker, geschwinder, nerviger als der größte Teil der zahmen Pferde, sie haben, was die Natur verleiht, Stärke und Adel, die andern haben bloß was die Kunst verleihen kann, Geschick und Zierlichkeit" (Buffon 1847, S. 5).

Wie kein anderer vor und nach ihm hat Buffon auch das ursprüngliche Wesen und Verhalten des Pferdes erkannt, das durch die ihm aufgezwungene Beziehung zum Menschen verdeckt worden ist. Denn oft verhindert vor allem die Beziehung zwischen Reiter und Pferd jede Beziehung der Pferde untereinander (vgl. Morris 2001, S. 19). Aber gerade diese Beziehung der Pferde untereinander, die ihren Charakter als geselliges Herdentier viele hunderttausend Jahre vor ihrer Begegnung mit dem Menschen geprägt hat, ist der Schlüssel zum Verständnis des eigentlichen Wesens der Pferde, das Buffon bereits klar erkannt hat: „Sie wandern truppweise und vereinigen sich um des bloßen Vergnügens willen, zusammen zu sein, sie hegen keine Furcht, sondern fassen Zuneigung für einander. Da Gras und Kräuter zu ihrer Nahrung hinreichen, da sie, um ihren Hunger zu befriedigen, alles im Überfluss haben und am Fleische des Tieres keinen Geschmack finden, führen sie keinen Krieg mit ihnen, keinen unter sich, machen sie sich ihren Unterhalt nicht streitig, nie haben sie Gelegenheit, einander eine Beute zu rauben, oder ein Gut an sich zu reißen, die gewöhnlichen Quellen von Zwist und Kampf unter den Fleisch fressenden Tieren. Sie leben demnach in Frieden, weil ihre Begierden einfach und mäßig sind, und sie genug haben, um sich nichts zu missgönnen" (Buffon 1847, S. 5).

Eine der ersten Nachrichten über die verwilderten Pferde Amerikas stammt ebenfalls aus Frankreich. Und es war wieder Buffon, der diese Nachricht in Europa bekannt machte. Er selbst hatte zwar Amerika nicht bereist, konnte sich aber auf seinen französischen Landsmann, einen Herren von La Salle, berufen, der diese verwilderten, frei lebenden Pferde im Jahre 1686 selbst beobachtet hatte. Diese Pferde weideten auf den Wiesen und waren so scheu, dass man ihnen nicht zu nahe kommen konnte. La Salle berichtete, „dass man zuweilen auf der Insel San Domingo Herden von mehr als 500 Pferden sieht, die alle in Gesellschaft laufen, und dass, sobald sie einen Menschen gewahren, sie alle stehen bleiben, dass eins von ihnen sich auf eine gewisse Entfernung nähert, mit den Nüstern schnaubt, die Flucht nimmt und alle andern ihm folgen". Er fügt hinzu, er wisse nicht, ob diese Pferde, indem sie verwilderten, ausgeartet wären, er habe sie aber nicht so schön gefunden wie die spanischen, obwohl sie von ihnen abstammten. „Sie haben" sagt er, „einen sehr dicken Kopf und ebensolche Beine, die außerdem höckerig sind; auch haben sie lange Ohren und einen langen Hals" (Buffon 1847, S. 7).

Kaum hundert Jahre später hatten sich die verwilderten Pferde so vermehrt, dass sie an manchen Orten zu einer Plage wurden. So kam im Jahre 1777 ein wissenschaftlich interessierter Missionar, der Franziskanerbruder Morfi, der mit einer großen Militärkolonne von der Stadt Mexiko aus nach San Antonio in Texas reiste, in Täler, die „von Herden wilder Pferde wimmelten". Am 26. Dezember notierte er, schon nördlich des Rio Grande: „Die Herden wilder Pferde treten in solchen Mengen auf, dass ihre Spuren dem gänzlich unbewohnten Land den Anschein verleihen, als sei es die bevölkertste Gegend der Welt. Das Gras auf den weiten Triften ist von ihnen vertilgt worden, besonders bei den Wasserstellen" (zit. nach Dobie 1956, S. 79). Am Nachmittag des nächsten Tages begegnete er einer Ansammlung von schätzungsweise dreitausend wilden Pferden. Ein eisiger Nordwind fegte über das Land, und als die steif gefrorenen Reiter bei einer Baumgruppe abstiegen und sich an einem Feuer wärmten, kam aus lauter Neugier eine Rotte Mustangs angetrabt. Die Soldaten jagten sie weg und fingen dabei eine sehr schöne Stute mit Fohlen. Am nächsten Tag hielten wieder Mustangs das Lager umringt und musterten die Reittiere so angelegentlich, dass es erheblicher Anstrengungen bedurfte, um sie zu vertreiben.

Einen weiteren Beleg für die schnelle Verbreitung der verwilderten Pferde lieferte der Oberkommandierende der Unionstruppen im amerikanischen Bürgerkrieg und spätere Präsident der Vereinigten Staaten, Ulysses S. Grant. In seinen Erinnerungen schildert er, wie er als Leutnant im Krieg

gegen Mexiko 1846 den Mustangs begegnete: „Wenige Tage, nachdem
wir Corpus Christi verlassen hatten, kam die riesige Herde wilder Pferde,
die damals zwischen dem Nueces und dem Rio Grande weidete, in Sicht.
Sie war nur wenige Meilen entfernt, und die Spitze unserer Kolonne hielt
genau auf sie zu. Es war die Herde, bei der man wenige Wochen vorher
das Pferd gefangen hatte, das ich jetzt ritt. Die Kolonne machte Rast, einige Offiziere, darunter auch ich, ritten zwei oder drei Meilen weiter, um
den Umfang der Herde zu erkunden. Wir waren in einer weiten, welligen
Ebene, und von höheren Punkten aus endete das Blickfeld erst mit der Erd-
krümmung. So weit das Auge reichte, breitete sich die Herde aus, zahllos,
nicht zu schätzen" (zit. nach Dobie 1956, S. 81).

Die verwilderten Pferde Südamerikas

Noch schneller verbreiteten sich die Pferde in Südamerika. Bereits Darwin
stellte dort eine „außerordentlich rapide Vermehrung der Pferde" fest. Die
Indianer, die am Fuße der Kordilleren lebten, waren alle gut mit Pferden
versehen. Jeder Mann hatte sechs oder sieben, und alle Frauen und selbst
Kinder hatten ihre eigenen Pferde. Nach Darwins Angaben „kam das Pferd
zuerst 1537 in Buenos Aires ans Land, und da die Kolonie eine Zeit lang
verlassen wurde, verwilderten die Pferde. Im Jahr 1580, nur dreiundvierzig
Jahre später, finden wir sie schon an der Magellan-Straße erwähnt!" Von
der Zähmung der wilden Pferde Südamerikas konnte Darwin selbst den
ersten authentischen Augenzeugenbericht liefern. Das Pferd wird gefesselt
und es werden ihm Zügel und Sattel aufgelegt: „Während dieser Operation
wirft sich das Pferd aus Schreck und aus Erstaunen, in dieser Weise rund
um die Brust gebunden zu werden, immer und immer wieder auf den Boden und wird ohne geschlagen zu werden nicht aufstehen. Endlich, wenn
das Satteln beendet ist, kann das arme Tier kaum vor Furcht atmen und ist
weiß vor Schaum und Schweiß. Der Mann bereitet sich nun vor, aufzustei-
gen, und zwar dadurch, dass er scharf auf den Steigbügel drückt, so dass
das Pferd nicht etwa sein Gleichgewicht verliert, im Momente, da er sein
Bein über den Rücken des Tieres schwingt, zieht er die, die Vorderbeine
zusammenhaltende Schlinge auf, und das Tier ist frei. Manche Domidors
lösen den Knoten, während das Tier auf dem Boden liegt und lassen es,
über dem Sattel stehend, unter sich aufstehen. Das Pferd, wütend vor
Furcht, macht ein paar äußerst heftige Sprünge und bricht dann im vollen
Galopp auf: wenn es vollständig erschöpft ist, bringt es der Mann mit Geduld zum Corral zurück, wo das arme, vor Hitze dampfende und kaum le-

bendige Tier freigelassen wird. Diejenigen Tiere, welche nicht fort galoppieren, sondern sich hartnäckig immer auf den Boden werfen, sind bei weitem die beschwerlichsten. Dieser ganze Prozess ist furchtbar streng, aber nach zwei oder drei Versuchen ist das Pferd zahm" (Darwin 1875, S. 173 f.).

Immer wieder wird auch davon berichtet dass die verwilderten Pferde Hauspferde entführen: „Wenn sie diese sehen, eilen sie in vollem Laufe herbei, begrüßen ihre Artgenossen freundlich mit Gewieher, schmeicheln ihnen und verleiben die Willfährigen ohne großen Widerstand ihren Gesellschaften ein. Reisende geraten nicht selten in Verlegenheit durch jene ihren Reittieren gefährlichen Entführer. Deshalb ist stets jemand auf der Hut und verscheucht die Wildlinge. Sie erscheinen nicht in Schlachtlinie, sondern wie die Indianer, eines hinter dem anderen, aber so dicht, dass die Reihe niemals unterbrochen wird. Zuweilen laufen sie in weiten Kreisen um den Menschen und seine Pferde herum und lassen sich nicht leicht verscheuchen; ein andermal gehen sie vorüber und kehren nicht zurück" (Brehm 1877, S. 9).

Aus dem Bericht eines englischen Reisenden namens Murray hat Brehm auch von dem rätselhaften Panikverhalten der verwilderten Pferde erfahren, das oft ihr Tod und Verderben ist: „Zuweilen ergreift sie ein ungeheurer Schrecken. Hunderte und Tausende stürzen wie rasend dahin, lassen sich durch kein Hindernis aufhalten, rennen gegen Felsen an oder zerschellen sich in Abgründen. Den Menschen, welcher zufällig Zeuge von solch entsetzlichem Ereignis wird, erfasst ein Grausen, selbst der kalte Indianer fühlt sein sonst so mutiges Herz Furcht erfüllt. Ein Dröhnen, welches immer größere Stärke erlangt und schließlich den Donner, das Brausen des Sturmes oder das Toben der Brandung übertönt, verkündet und begleitet den Vorüberzug der auf Sturmes Fittichen dahin jagenden Angst ergriffenen Pferde. Sie erscheinen plötzlich im Lager, stürzen sich zwischen den Feuern hindurch, über die Zelte und Wagen weg, erfüllen die Lasttiere mit tödlichem Schrecken, reißen sie los und nehmen sie auf in ihren lebendigen Strom – für immer" (Brehm 1877, S. 13).

Freiheit oder Tod: Das Ende der Mustangs

Dass wilde Pferde sich aus Angst vor den Verfolgern in voller Panik in eine Schlucht stürzen, um dort elend zu Grunde zu gehen, war schon den eiszeitlichen Jägern bekannt, die daraus eine eigene Jagdmethode entwickelten. Dass aber auch die verwilderten Mustangs, die doch von den gezähmten und bereits über Jahrhunderte gezüchteten spanischen Pferden stammen, in bedrängten Situationen das gleiche Verhalten aufweisen, wird noch viel später bis in die jüngste Vergangenheit immer wieder von den amerikanischen Ansiedlern berichtet. So stürzten sich dreizehn Pferde einer Herde, die mit Revolverschüssen zusammengetrieben wurde, in panischer Angst eine etwa zwanzig Meter hohe Wand eines Canons hinab und brachen sich unten auf den Felsen das Genick, das Kreuz oder die Beine. Es gibt aber auch glaubwürdige Berichte von wilden Mustangs, die nicht aus Panik, sondern anscheinend aus freiem Willen lieber den Tod als die Gefangenschaft wählten. Dies wird zumindest in romantischer Verklärung von dem berühmt geworden braunen Hengst Starface behauptet. Er verdankte seinen Namen der sternförmigen Blesse an seiner Stirn. Im Jahre 1878 führte er eine große Mustangherde, die ihm jedoch offensichtlich nicht genügte. Denn wo immer er bei den Pferdeherden der Farmen auftauchte, fiel er über diese Herden her, verjagte die zahmen Hengste und entführte eine Anzahl Stuten – gleichgültig, ob sie Fohlen hatten oder nicht. Niemand konnte ihn fangen, denn Starface tauchte ganz überraschend auf und konnte sich immer wieder in die Freiheit retten, obwohl Hunderte von Schüssen auf ihn von den geplagten Farmern abgegeben wurden. Doch schließlich wurde ihm ein Hinterhalt in einer engen Schlucht gelegt, die in einem Abgrund endete. „Von den Verfolgern bedrängt stürmte Starface mit wildem, herausforderndem Schnauben dem steil abfallenden Rand des Abgrundes entgegen, dessen Steilwand dreißig Meter tief in das Felsenbett des Cimarron hinabstürzte. Als der vorderste Reiter seiner Verfolger mit ihm auf gleiche Höhe kam, war der letzte und größte Augenblick für Starface gekommen! Er stemmte seine Hufe in den Felsenrand, als wollte er über den ganzen Cimarron hinwegsetzen. Und dann, ohne auch nur eine Sekunde zu zögern, schnellte er hinaus in das Nichts. Ein paar Herzschläge lang lag er noch ausgestreckt in der Luft, Mähne und Schweif von Entsetzen gesträubt, den Wahnsinn des letzten, bedingungslosen Trotzes in den Augen. So flog er in den Tod, da ihm die Freiheit verwehrt blieb" (Dobie 1956, S. 12).

Ein ähnlicher Freitod wird auch von einem großen achtjährigen Fuchshengst berichtet, den ein Schoschone in Nevada mit dem Lasso eingefangen hatte, und der zu solch einem tüchtigen und trittfesten Renner im felsigen Gebiet wurde, dass der Indianer auf ihm auch anderen Mustangs nachstellte. Aber so oft man ihm den Sattel auflegte, muckte er auf und bei der Mustangjagd war er kaum mehr zu zügeln. Eines Tages verfolgte er wieder eine Mustangherde wie toll. Am Abgrund eines tiefen Canons wendeten die Mustangs und stürmten den Rand entlang. Aber der rasende Hengst ließ sich nicht in ihre Richtung drücken, er galoppierte geradeaus weiter und warf sich und seinen Reiter hundert Meter weit hinab. Wenn er einfach den Tod der Unterwerfung vorzog, dann in einem Augenblick, in dem er außer sich war.

Es scheinen auch manchmal wilde Pferde in ihrer Gefangenschaft den Entschluss zu fassen, nicht mehr länger leben zu wollen. So hatte ein Rancher zwanzig Mustangs gefangen und in eine Umzäunung gesperrt. Er musste jedoch erleben, dass achtzehn von ihnen keinen Bissen anrührten. Innerhalb weniger Tage starben sie in ihrem Gefängnis. Eine ähnliche Erfahrung musste auch im Jahre 1882 ein anderer Rancher aus Texas machen, der einen rotbraunen Hengst mit schwarzer Mähne und schwarzem Schweif einfing. Dieser Hengst hatte eine große Mustangherde angeführt. Beim Umkreisen seiner Herde während der langen Jagd hatte er eine weit größere Strecke durchmessen als seine Stuten. Obwohl er dadurch mager und abgetrieben war, sprühte er noch immer vor Feuer und sah kerngesund aus. Als er an die Leine genommen wurde, sträubte er sich, griff aber nicht an. Er ließ sich sogar besteigen, ohne zu bocken. Nach einem kurzen Ritt über Land, bei dem ihn drei andere Männern mit ihren Pferden begleiteten, wurde er an den nahe gelegenen Fluss geführt, wo der Rancher mit ihm ins seichte, nicht einmal einen halben Meter tiefe Wasser hineinstieg. Als der Rancher den Zügelgriff lockerte, presste der Mustang seinen Kopf bis an die Augen ins Wasser. Dann auf einmal legte er sich nieder, die Nase noch immer unter Wasser. Der Rancher löste ihm sofort den Sattelgurt, denn ein zu straffer Gurt ließ schon manches Pferd ertrinken. Alle drei Männer mühten sich ab, die Nüstern des Mustangs aus dem Wasser an die Luft zu zerren, aber der Hengst gab nicht nach. Er wollte sich ertränken, und er schaffte es auch. Mit der Freiheit war diesem Tier offensichtlich auch der Wille zum Leben geraubt worden.

Ein ähnlicher Fall wurde auch von einem anderen Rancher berichtet, dem zwei seiner auf offener Weide gehaltenen Pferde entlaufen waren. Als er sie endlich wieder eingefangen hatte, waren sie so halsstarrig und wild geworden, dass er sie nicht führen konnte. Um sie wieder zu zähmen, band er jedem als Hemmschuh eine schwere Kette an eine Vorderfessel. Beim Heimtrieb riss sich eines der Pferde von dem Hemmschuh los, jagte davon und musste erschossen werden. Das andere wurde mit großer Mühe nach Hause gebracht und in eine hohe Umzäunung gesperrt, von der man glaubte, dass sie der gefesselte Hengst der schweren Kette wegen nicht überspringen könnte. Trotzdem fehlte er am nächsten Morgen. Der Zaun war unbeschädigt. Er war tatsächlich darüber hinweggesprungen. Nach Aussage des Ranchers wurde er aber ein Stück flussaufwärts wieder entdeckt: „Er war in Treibsand geraten und ging darin zugrunde ... Seine Nase war bis an die Augen in den Sand gedrückt. Er hätte seinen Kopf leicht oben behalten können. Gewehrt schien er sich nicht zu haben. Hier war nur ein Schluss zu ziehen. Als das Pferd den Zaun übersprungen hatte und merkte, dass es den Hemmschuh nicht los wurde, als ihm die Freiheit, nach der es sich sehnte, unerreichbar blieb, wählte es den Tod" (Dobie 1956, S. 148).

10. Die Dressur des Pferdes

In der Renaissance war Neapel das Zentrum der Reitkunst. Schon im 12. Jahrhundert gründete dort eine byzantinische Truppe eine Reitschule, deren Trainingsmethoden über mehrere Jahrhunderte aufrechterhalten blieben. Einen neuen Auftrieb erhielt die Reiterei im fünfzehnten Jahrhundert, als sich Männer, die vor den anrückenden Osmanen aus Konstantinopel geflüchtet waren, in Neapel niederließen (vgl. Edwards 1988, S. 138). Der eigentliche Beginn der klassischen Reitkunst lässt sich aber erst mit dem Jahre 1532 festlegen, als der neapolitanische Adelige Federico Grisone eine Reitschule eröffnete, die in der ganzen Welt berühmt werden sollte. Sein Buch *Gli Ordini di Cavalcare* (Die Regeln der Reiterei) wurde in nicht weniger als fünf europäische Sprachen übersetzt und übte einen entscheidenden Einfluss auf die Entwicklung der Reitkunst in ganz Europa aus.

Grisones Zwangsmethoden

Grisone geht zwar in der Vorrede seines Werkes davon aus, dass das Pferd ein „gelehriges Tier und ein Freund des Menschen" ist. Aber wenn es auch noch so begabt ist, „ohne menschliche Hilfe ist es aus sich heraus nicht zu gebrauchen" (Grisone 1570, S. 27). Wie durch die richtige Lehre die verborgenen Tugenden erweckt werden, so verdirbt auch die falsche Lehre das Pferd und verdeckt alle seine Tugenden. Die richtige Lehre besteht aber nach seiner Meinung darin, dem Pferd verständlich zu machen, weswegen und wozu ihm Strafe oder Hilfe mit Sporen oder Gerte gegeben wird. Das beginnt gleich mit dem Herausführen des noch nicht gerittenen Füllens aus dem Gestüt. Denn es muss mit Ruten und Stricken zahm und gehorsam gemacht werden (vgl. Abb. 14). Weigert es sich aber aufsitzen zu lassen, so stellt Grisone folgende ziemlich brutale Regel auf: „Wenn aber ein Pferd aus Furcht vor der Arbeit oder aus stolzem Gemüt oder überflüssiger natürlicher Hoffart nicht aufsitzen lassen will, soll man es mit einer Rute zwischen die Ohren am Kopf oder sonst am Körper (wie man am besten dazu kommt) schlagen. Und wenn es unbeeindruckt und boshaft ist, soll man es scharf strafen und mit rauer Stimme anschreien. So

behandelt wird es sich nicht mehr wehren und wie ein Schäflein heran-
kommen und aufsitzen lassen" (Grisone 1570, S. 29 f.).

Um besonders bequem aufsitzen zu können und außerdem ein Höchstmaß von Gehorsam und Demut vom Pferd zu verlangen, gibt Grisone eine
nicht minder brutale Methode an, wie man das Pferd dazu zwingen kann
„sich auf alle vier niederzulassen" (Grisone 1570, S. 232; vgl. auch
Abb. 14). Zunächst muss man in der vorhergehenden Nacht das Pferd hungern lassen. Dann führt man das Pferd auf einen neuen tiefen Acker oder
eine Miststatt. Dort wird das „Fallzeug" angelegt, d. h., es werden auf allen vier Füßen eiserne Ringe angebracht, an die lange durch kleine Ringe
laufende Lederriemen so befestigt sind, dass zwei Gehilfen durch kräftiges
Ziehen das Pferd zum Kniefall bringen können. Unterstützt werden die
Beiden durch einen dritten Mann, der „mit der Gerte in der einen und dem
Zaum oder Zügel in der anderen Hand das Pferd regiert und ihm Anleitung
gibt" (Grisone 1570, S. 232). Um dem Pferd verständlich zu machen, dass
es in dieser Position verharren soll, müssen die hinter dem Pferd stehenden
Gehilfen immer dann, wenn das Pferd aufzustehen versucht, es durch Anziehen der Riemen daran hindern, während der vorne stehende Mann mit
seiner Gerte sanft auf die Vorderfüße klopft und das Pferd an Brust und
Schenkel streichelt. Schließlich soll dann eine andere Person dem Pferd
das Futter in einem Eimer vorsetzen, damit es auf den Knien liegend fressen kann (vgl. Grisone 1570, S. 234). Bei all dem soll man dem Pferd immer auch „schön tun" und überhaupt, wenn es das tut, was man von ihm
verlangt, soll man es „tätscheln und ihm lieb zusprechen" (Grisone 1570,
S. 30).

Ist der Reiter dann aufgestiegen, dann ist die Prügelei noch lange nicht
zu Ende. Denn manche Pferde, die „hoffärtig und von Natur frech" sind,
weigern sich vorwärtszugehen. Um solchen Pferden dieses „bösartige Las-
ter" auszutreiben, schlägt Grisone mehrere, sich in ihrer Härte und Grausamkeit steigernde Methoden vor. Zuerst werden hinter dem störrischen
Pferd einige Männer aufgestellt, die Gerten und Steine in den Händen tragen. Wenn das Pferd nicht vorangehen will, sollen sie es auf die Schenkel
schlagen und mit Steinen bewerfen. Dabei sollen sie es auch ständig mit
„grausamer Stimm" anschreien, während der Reiter auf dem Pferd kein
Wort sprechen soll. Solange das Pferd noch stehen bleibt, darf mit diesen
Strafen und dem Geschrei nicht aufgehört werden, vielmehr soll das Pferd
auf diese Weise so viel wie möglich geängstigt werden. Wenn aber das
Pferd losgeht, sollen die bestellten Personen damit sofort aufhören und der
Reiter soll „ihm schön tun" (Grisone 1570, S. 173). Hilft diese Methode
nicht, dann hat Grisone noch eine andere Methode, mit der man noch

leichter dem Pferd seine „Bosheit" nehmen kann. Man bindet dem Pferd
ein langes Seil an den Schwanz, das am Boden nachschleift. Bleibt das
Pferd stehen und weigert sich weiter zu gehen, dann soll ein hinterher-
gehender Mann an diesem Seil fest ziehen. Das Pferd wird dann zu fliehen
versuchen. Meistens genügt dann schon das Nachschleifen des Seiles, um
das Pferd zum Laufen zu bringen. Zusätzlich kann man aber auch durch
Prügeln, Steine Werfen und Geschrei das unwillige Pferd antreiben (vgl.
Grisone 1570, S. 177 f.).

Eine weitere Steigerung der Grausamkeit der Zwangsmethoden, mit denen ein störrisches Pferd angetrieben werden soll, besteht darin, dass man
dem Pferd mit einem Nagel in den Rücken sticht, um es dann, wenn es
willig weitergeht, mit derselben Hand zu streicheln. Wenn jedoch ein Reiter weder Zeit noch Geduld hat, den Willen des Pferdes zu brechen, dann
schlägt Grisone ein drastisches Mittel vor: „So nimm eine Katze, so boshaft sie immer sein kann, und binde sie vorne auf eine Stange von der Größe eines Spießes dergestalt, dass sie die Pfoten und den Kopf frei hat.
Wenn nun das Pferd sich weigert fortzugehen, so soll ein Mann die Stange
nehmen und sie dem Pferd zwischen die Beine halten. Aber der Reiter soll
stillschweigend auf dem Pferd sitzen und all sein Augenmerk darauf richten, dass er ihm schön tue, wenn es gehorsam wird und sich richtig ver-
hält" (Grisone 1570, S. 179). Grisone weist aber darauf hin, dass solche
drastischen Mittel auch ein Pferd „toll und verzweifelt" machen können
und auf diese Weise den Reiter selbst in Gefahr bringen.

In der Manege wird das Pferd aber auch zu Bewegungen gezwungen,
die seiner Natur nicht entsprechen. Das ist vor allem dann der Fall, wenn
das Pferd dazu gebracht werden soll, im engen Kreis der Volte eine Wen-
dung zu machen, die von ihm ein Höchstmaß an Längenbiegung erfordert.
Grisone hat aber auch bereits erkannt, dass die Pferde sich im Allgemeinen
williger und bereiter und auch mit mehr Geschicklichkeit nach der einen
Seite wenden lassen, nach der anderen aber nicht (vgl. Grisone 1570,
S. 164). Allerdings sieht er darin nicht eine natürliche Abneigung, sondern
vielmehr eine „Boshaftigkeit" des Pferdes, wenn es sich weigert, diese
ihm ungewohnte Drehung nach der anderen Seite durchzuführen. In diesem Fall ordnet Grisone „mehrere Personen mit Gerten" an, die den Reiter,
der selbst mit einer längeren Gerte bewaffnet ist, dadurch unterstützen,
dass sie das Pferd durch Prügeln in die jeweils gewünschte Richtung zwingen (vgl. Abb. 14).

Wenn es um das Wohl und Wehe des Reiters geht, kennt Grisone dem
widerspenstigen Pferd gegenüber kein Erbarmen. Dies ist vor allem dann
der Fall, wenn sich das Pferd niederwirft, um den Reiter abzuschütteln.

Abb. 14: Grisones Zwangsmethoden: Das Füllen wird aus dem
Stall geführt, zum Niederlassen gezwungen und in der Manege in
eine enge Kreisbewegung getrieben (aus Grisone 1570)

Dann ist es die Aufgabe eines Mannes zu Fuß, das Pferd mit einem Stecken und mit wildem Geschrei zu bedrohen, während ihm der Reiter mit schrecklichen Gebärden fest in die Augen blickt. Wirft sich das Pferd dennoch zu Boden, dann sollen es mehrere Männer niederhalten und auf den Kopf und zwischen den Ohren schlagen. Wenn das nicht hilft, soll man bei dem geringsten Anzeichen, dass sich das Pferd niederwerfen will, ihm eine Stange mit einem brennenden Strohbüschel unter das Maul halten, so dass ihm der Rauch in die Nase steigt und der Kopf versengt wird. Ein anderes nicht weniger grausames Verfahren schlägt Grisone dann vor, wenn sich das Pferd mit strampelnden Beinen ins Wasser niederwerfen will, was für den Reiter eine große Gefahr bedeuten kann. Ein Pferd, das diese Unart hat, soll man von einem Knecht ins Wasser führen lassen. Sobald es sich niederlegt, sollen zwei oder drei Männer heraneilen und während der Knecht sich auf das Pferd setzt, sollen sie den Kopf des Pferdes mit Gewalt unter das Wasser drücken und es nicht hochkommen lassen. Dabei sollen sie das Pferd immer wieder mit Stecken schlagen und „gräulich anschreien". Und wenn es mit Gewalt aufstehen will, sollen sie es desto mehr niederdrücken und den Kopf zur Strafe unter Wasser halten. Nachdem es so lange geplagt worden ist und den „ersoffenen Kopf" aus dem Wasser hebt, soll man es mit dem Stecken zwischen den Ohren schlagen und mit großem Geschrei den Kopf wieder unter Wasser drücken. Und wenn es dann schließlich aufsteht, sollen die Knechte es bis ans Ufer mit Schlägen und Geschrei begleiten. Aber dann soll man mit dem Schlagen aufhören.

So grausam diese Zwangsmethoden auch sein mögen, Grisone betont aber immer wieder, dass man, sobald das Pferd dem Reiter gehorcht, mit dem Schlagen aufhören muss und es „von Stund an liebkosen soll" (Grisone 1570, S. 54). Wenn aber der Reiter aus Unverstand das Pferd ohne Unterschied immer schlägt, kann das Pferd nicht erkennen, was die Ursache für diese Strafe ist und wird so oft es die Stöcke oder Gerten sieht, erschrecken. Daraus folgt für Grisone, „dass man nichts Übleres tun kann, als ein Pferd zu schlagen, besonders auf den Kopf, wenn es deinem Willen gehorcht und recht tut" (Grisone 1570, S. 187). Wenn aber jemand daran zweifelt, dass ein Pferd genügend Verstand habe, den Willen des Reiters zu erkennen, dem antwortet Grisone: „Nachdem das Pferd von Gott zum Dienst für den Menschen geschaffen worden ist, damit es sich – wie alle Tiere auf Erden – dem Willen des Menschen unterwerfen soll, so ist es kein Wunder, dass es zum Teil unserem Verstand angeglichen ist. Sicherere Beweise dafür kann man nicht haben als diejenigen, die wir täglich sehen und erfahren. Nicht allein hat das Pferd einen besonderen Verstand und Gehorsam, den es zur rechten Zeit dem Menschen gegenüber zeigt, sondern es hat auch in seinem Gemüt die Bereitschaft, ohne Furcht gegen ein ganzes Heer anzurennen und fürchtet weder Waffen noch Schwert, noch Lanzen, noch so mancherlei Sturm, Geschützlärm, Wasser, Feuer und andere Gefahren. Auch wenn es tödlich verwundet wird, lässt es nicht in seinem Tun und seinem Gehorsam nach und verharrt bei seinem Reiter bis in den Tod" (Grisone 1570, S. 187 f.).

Aus diesen Bemerkungen lässt sich auch deutlich das eigentliche Ziel dieser erbarmungslosen Dressur erkennen: ein furchtloses und gehorsames Kriegspferd zu erzeugen. Dazu dienten ihm auch das Andressieren jener Bewegungsformen, die später die Grundlage der Hohen Schule des Dressurreitens bildeten, wie Passade, die Kehrtwendung im Galopp, und Kapriole, ein „Bocksprung", bei dem das Pferd mit den Hinterbeinen ausschlägt. Die brutalen Zwangsmethoden, die dabei angewendet wurden, waren auch deswegen nötig, weil es sich bei diesen Pferden um schwere Bauernpferde handelte, die dazu gezüchtet worden waren, Ritter und ihre Rüstungen zu tragen. Damit diese schweren kriegstauglichen Pferde die Gangarten der Manege und die gewaltigen Luftsprünge ausführen konnten, war es nötig, ihr Gewicht auf die Hinterhand zu verlagern, so dass die Vorderhand entlastet wurde und gehoben werden konnte. Dies wurde durch die mechanischen Kräfte martialischer Gebisse und durch den Einsatz von spitzen Sporen ermöglicht, die heutzutage als wahre Marterwerkzeuge angesehen werden müssen.

Um die Pferde auch für den Krieg mit Feuerwaffen tauglich zu machen, schlägt Grisone folgende Methode vor: „Reite zu Feld mit einem anderen Pferd oder zwischen zwei anderen Pferden, die alt und den Geschützeslärm schon gewohnt sind und lasse dann aber nicht all zu nah mehrere Schüsse abfeuern. Je mehr es sich daran gewöhnt, umso näher soll man damit herangehen und schließlich lass ganz in der Nähe des Pferdes die Schüsse abfeuern. Währenddessen unterlass es nicht dein Pferd zu streicheln und sprich ihm freundlich zu, wie immer du es kannst. Wenn es deinen Willen tut, sollst du es nimmermehr unterlassen, dich ihm gegenüber freundlich zu erweisen" (Grisone 1570, S. 187 f.). Verschärft wird dieses Training auf Schussfestigkeit noch dadurch, dass dem Pferd und seinen schon ausgebildeten Begleitpferden einige mit Stecken und Schwertern bewaffnete Männer entgegengestellt werden, die es mit lauter Stimme bedrohen, aber dann vor den herangaloppierenden Pferden fliehen (vgl. Abb. 15).

Fortgesetzt wurden Grisones Dressurmethoden von seinem Nachfolger Giovanni Pignatelli, der eine besonders wirksame Kandarenkonstruktion erfand, die durch ihr hohes Eigengewicht und eine überlange Mundstange in der groben Reiterfaust eine schreckliche Hebelwirkung ausübte. Von

Abb. 15: Grisones Methode, ein Pferd kriegstüchtig und schussfest zu machen
(aus Grisone 1570)

Pignatelli lernte auch der Begründer der „französischen Gewaltschule" Salomon de la Broue die harten Dressurmethoden der neapolitanischen Reitschule. Er ging sogar noch einen Schritt weiter und prügelte und peitschte seine Pferde zu den seltsamsten Übungen, wie Galopp auf drei Beinen oder Trab rückwärts. Auch hielt er es für sinnvoll zur Bildung der Muskulatur steile Hänge zur Gänze rückwärts hinaufzureiten.

Der Reitlehrer des Königs: Pluvinel

Ein wesentlicher Fortschritt in der Dressur des Pferdes gelang erst dem französischen Adeligen Antoine de Pluvinel (1555–1620), der zwar auch bei dem Grisone-Schüler Pignatelli in die Schule gegangen war, aber bereits ein ganz anderes Verständnis für die Psyche des Pferdes besaß. Den Beweis für seine große Sachkenntnis erbrachte er dadurch, dass er ein störrisches Pferd, mit dem sich de la Broue lange vergeblich beschäftigt hatte, in kürzester Zeit zu einem vollendeten Reittier machte, das alle Regeln des Dressurreitens wie kein anderes Pferd beherrschte. Dieses Pferd war ursprünglich äußerst ungeduldig und hatte einen „unsteten Kopf mit dünnem und zartem Kinnladen". Schon deswegen nahm es nur mit großer Mühe das Mundstück und die Kinnkette an. Während de la Broue dieses Pferd für ganz und gar unbrauchbar hielt, bot sich dagegen Pluvinel an, „es zu der Vollkommenheit zu bringen, dahin jemals ein Pferd gelangen könnte" (Pluvinel 1628, S. 15). Er begann die Dressur damit, dass er an Stelle der eisernen Kinnkette zunächst nur ein seidenes Band benützte und die Härte dieser Vorrichtung langsam in mehreren Stufen mit verschiedenen Lederarten vom weichen Ziegenleder bis zum Rindsleder und erst am Schluss bis zur eisernen Kinnkette steigerte, die er dann aber nur sehr zartfühlend gebrauchte. Auf diese Weise brachte Pluvinel es in kurzer Zeit zustande, dass das Pferd nicht nur den Kopf ruhig hielt, sondern auch folgsam alle Kunststücke des Schulreitens beherrschen konnte. Als er wenige Tage später, nachdem er diesen Auftrag angenommen hatte, in Fontainebleau das Pferd vorführte, war das Erstaunen groß, dass aus dem störrischen, als gänzlich unbrauchbar geltenden Pferd „ein Musterexemplar aller wohl abgerichteten Reitpferde in der ganzen Welt" geworden war. Denn Pluvinel führte die schwierigsten Wendungen nach links und rechts und die kunstvollsten Luftsprünge, Schritt- und Gangarten vor, die das Pferd mit solcher Schönheit und Geschicklichkeit ausführte, dass es von dieser Stunde an den Namen „Bonnite" erhielt (vgl. Pluvinel 1628, S. 15).

Den großen Ruhm erlangte aber Pluvinel vor allem als Reitlehrer des nachmaligen Königs Ludwig XIII., den er in langer und mühevoller Arbeit zu einem hervorragenden Reiter ausbildete. Diesen Unterricht stellte Pluvinel in einem in Dialogform gehaltenen Werk dar, das erst nach seinem Tode im Jahre 1623 zunächst in einer unrechtmäßigen ersten Auflage erschien, aber dann fünf Jahre später von dem Stallmeister des Königs René de Menou Charnizay in einer korrigierten zweiten Auflage dem König übergeben wurde. Dieses Werk, *L'instruction du Roy* (1628), lässt ein großes Einfühlungsvermögen des Autors in das Wesen und die Natur des Pferdes erkennen. Denn Pluvinel lehnt bereits jeden unnötigen Zwang und jede Brutalität in der Reiterei strikt ab. Er ist auch der Meinung, dass zuerst der Reiter erzogen werden müsse, um für diesen sowohl „allerlei Gefahren zu vermeiden als auch zu verhüten, dass der Gaul eine böse Lektion von ihm lerne". Daher muss zuerst der Reiter „die Bewegungen des Pferdes unterscheiden können und wissen, was Pass, Schritt, Trab und Galopp ist", damit er erkennen kann, welche Hilfen oder Züchtigungen nötig sind (vgl. Pluvinel 1628, S. 11). Der Grundsatz seiner neuen Dressurmethode aber ist, dass man gut darauf achtet „ein Pferd niemals leidend und traurig zu machen, wodurch sein adeliges und tapferes Gemüt erstickt wird" (Pluvinel 1628, S. 17).

Pluvinel hat auch erkannt, dass jedes einzelne Pferd individuell entsprechend seinen Fähigkeiten behandelt werden muss. Die erste Lektion besteht darin, dem Pferd Schritt, Trab und Galopp möglichst ohne Peitschenhiebe beizubringen. Denn derartige Züchtigungen sind für Pluvinel im Unterschied zu Grisone nur das letzte Mittel, das man eigentlich nur bei äußerster Halsstarrigkeit des Pferdes oder nur dann gebrauchen soll, wenn es danach trachtet, dem Menschen Schaden zuzufügen. Hat aber das Pferd diese erste Lektion „freudig begriffen", gibt ihm Pluvinel eine zweite Lektion auf, die von dem Pferd einen „etwas höheren Verstand" fordert: Es geht dabei um die schwierigen engen Wendungen und um die kunstvollen Luftsprünge, die bisher dem Pferd nur mit den Gewaltmethoden Grisones und seiner Nachfolger beigebracht worden sind. Um bei diesen schwierigen Lektionen einen sanften aber wirkungsvollen Zwang ausüben zu können, bedient sich Pluvinel einer von ihm selbst erfundenen Einrichtung, die bis zum heutigen Tag in der Hohen Schule der Reitkunst, wie z. B. in der Spanischen Hofreitschule in Wien, gebräuchlich ist. Es handelt sich um die so genannten Pilaren. Das sind etwas über zwei Meter hohe Säulen, an die das Pferd gebunden werden kann, während es seine Übungen absolviert. Um zunächst die engen Wendungen nach links und rechts zu lernen, wird das Pferd an einen dieser Pfeiler mit einem längeren Seil festgebunden und dann zunächst ohne Reiter um diesen Pfeiler notfalls unter sparsamem Einsatz der Peitsche herumgetrieben.

Beherrscht das Pferd diese engen Kreisbewegungen sowohl nach rechts als auch nach links, dann geht Pluvinel zu den nächsten Lektionen über, die bereits zum Erlernen jener kunstvollen Sprünge der Hohen Schule, wie Kurbette und Kapriole, dienen. Dazu wird das Pferd zwischen zwei Pilaren so festgebunden, dass es weder vor noch zurück gehen kann (vgl. Abb. 16). Um die Kurbette durchzuführen, die darin besteht, dass das Pferd auf den Hinterbeinen verharrt oder sogar mehrere Sprünge ausführt ohne mit der Vorderhand zwischendurch aufzusetzen, muss zunächst dem Pferd beigebracht werden, sich auf die Hinterbeine zu stellen. Das geschieht dadurch, dass man mit Hilfe einer Spießrute dem Pferd anzeigt, dass es die Vorderbeine heben und an sich ziehen soll.

Bei all diesen Lektionen hat Pluvinel einen Grundsatz: „Dem Pferd zu helfen und es zu liebkosen, so oft es gehorcht oder auch nur anzeigt, dass es gehorchen will. Denn die Pferde können uns nicht verstehen noch Folge leisten, es sei denn, dass wir ihnen mit der Stimme und Faust zu erkennen geben oder ein Leckerbisslein von Gras, Brot oder Zucker geben, wenn sie

Abb. 16: Pluvinels Erfindung der Pilaren zur Dressur der Lektionen der Hohen
Schule (aus Pluvinel 1628)

dasjenige, das man von ihnen begehrt oder wenigstens ein Teil davon ver-
richten" (Pluvinel 1628, S. 33). Aber auch dann, wenn man gezwungen ist,
das ungehorsame Pferd mit Spießrute, Sporen oder Peitsche zu strafen,
muss man mit den Streichen sparsam, mit den Liebkosungen dagegen frei-
giebig und milde sein, damit das Pferd sich daran gewöhnt mehr mit Lust
als durch Zwang zu gehorchen. Fünfzig Jahre nach Pluvinel setzte William
Cavendish (1592–1676), der Herzog von Newcastle, die Arbeit nach denselben Grundsätzen fort; auch er war ein Anhänger der sanften und gedul-
digen Methoden. Gegen die Pilaren Pluvinels hatte er aber eine entschiede-
ne Abneigung: „Man strapaziert und quält das Pferd zur Unzeit in der Erwartung, die Vorhand zu heben und die Hinterhand zu senken. Das
widerspricht der Natur und verdirbt die Pferde" (zit. nach Guérinière
1733/1942, S. 132).

Die Schule der Kavallerie: Guérinière

Die Ablehnung der Dressurmethoden mit Hilfe der Pilaren wurde jedoch nicht von François Robichon de la Guérinière (1688–1751) geteilt, der als der große Wegbereiter der modernen Dressur für Kavalleriepferde gilt. So sagt er: „Die Pilaren geben dem Pferd erst den Verstand. Schläfrige und faule Pferde werden durch die Peitsche lebendig und tätig. Hitzige und zornige beruhigen sich. Deshalb halte ich die Pilaren nicht nur für das Mittel, Kraft, Geschmeidigkeit, Leichtigkeit und natürliche Veranlagung zu entwickeln. Vielmehr glaube ich, dem Pferd die fehlenden Eigenschaften durch diese Arbeit zu verleihen" (Guérinière 1733/1942, S. 132). Sonst hält er aber von der Abhandlung Pluvinels über die Reiterei offensichtlich nicht viel, die für ihn nur wegen der darin enthaltenen Stiche mit den Kostümen der Mitglieder des Prinzen-Hofes bemerkenswert sind. Nachdem Guérinière zunächst eine eigene Reitakademie in Paris geleitet hatte, übernahm er von 1730 bis zu seinem Tode im Jahre 1751 die Leitung der Reitschule König Ludwigs XV. in den Tuilerien. In seinem 1733 veröffentlichten Buch *Ecole de Cavalerie* fasste er nicht nur alle bewährten Erkenntnisse seiner Vorgänger zusammen, sondern verbesserte und erweiterte die Prinzipien der Reitkunst zu einer rationalen, theoretisch begründeten Wissenschaft, die an die Stelle der intuitiven Begabung einzelner Reitmeister trat. Mit großer Sachkenntnis schuf er die klassische Dressurmethode, die, von wenigen zeitbedingten Details abgesehen, die Grundlage für den internationalen Dressursport bildet. Erst durch ihn wurde der französische Einfluss zum entscheidenden und bleibenden Faktor in der Welt der „Hohen Schule" der klassischen Reitkunst, wie sie noch heute vor allem durch die Spanische Hofreitschule in Wien, den Cadre Noir in Saumur und durch die Nationale Reitschule Las Cadenas in Jerez de la Frontera (Andalusien) repräsentiert wird.

Alle diese Neuerungen waren jedoch nicht ohne grundlegende theoretische Überlegungen möglich. Denn sie allein führten zur Erkenntnis der natürlichen Anlagen, der Stärken wie der Schwächen des Pferdes. Daher muss nach seiner Meinung jeder Reiter diese natürlichen Anlagen des Pferdes genau studieren. Sonst besteht die Gefahr, mit unseren Hilfen eher neue Fehler hervorzurufen, als diejenigen zu verbessern, die wir als solche erkannt zu haben glauben. Denn die meisten Fehler werden durch Ungeduld des Reiters und vorzeitige Strafen hervorgerufen. Sie entspringen demnach nur selten dem schlechten Charakter des Pferdes. Der Mangel an gutem Willen beim Pferd lässt sich nach Guérinière auf zwei Ursachen zurückführen: auf äußere oder innere Fehler. Zu den äußeren gehören schwache Beine, von Natur oder durch Überanstrengung, Schwäche im Rücken, in den Gelenken, Hufen oder Augen. Im Unterschied zu seinen Vorgängern in den Reitschulen hat Guérinière sehr genaue Vorstellungen über das Knochengerüst des Pferdes, das er auch in seinem Werk auf fachmännische Weise abbildet (vgl. Abb. 17).

Seine Kenntnisse über die Anatomie und Entwicklung und Krankheiten des Pferdes führten ihn auch zur Einsicht, dass man oft einfach etwas verlangt, was das Pferd noch nicht leisten kann. Diese überspannte Anforderung nimmt ihm jede Lust und überanstrengt Sehnen und Nerven. Gerade wenn man glaubt, die Ausbildung beendet zu haben, ist das Pferd auch „fertig". Der Gehorsam ist nur die Folge von Schwäche. Zur Schwächung von Rücken, Gliedmaßen und des ganzen Pferdes, kommt es vor allem

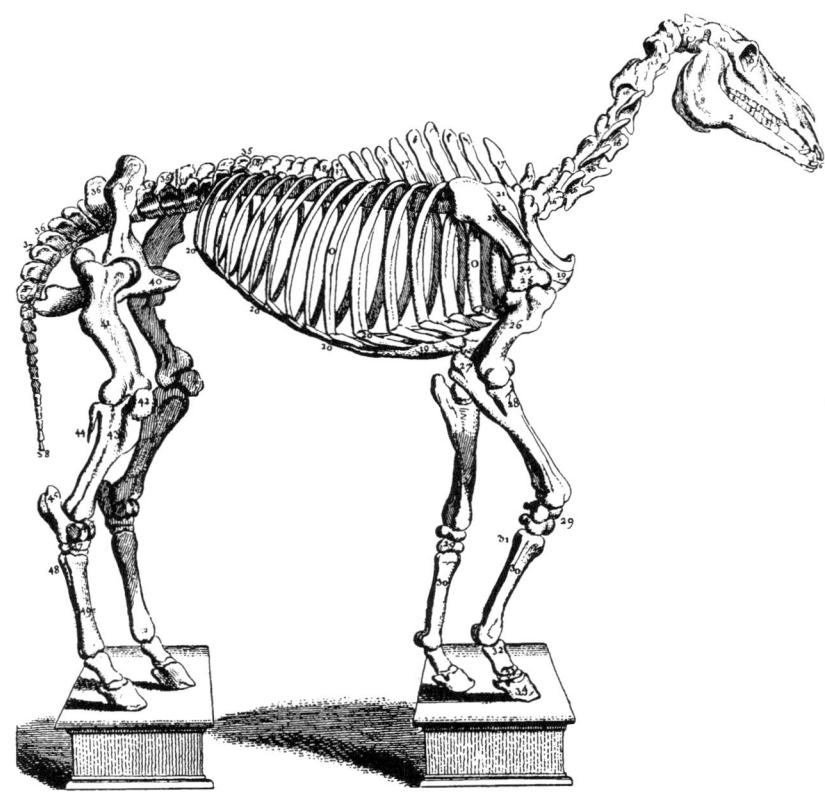

Abb. 17: Das Skelett des Pferdes (aus Guérinière 1733)

dann, wenn man mit der Dressur zu früh beginnt, wenn die Entwicklung des jungen Pferdes noch nicht abgeschlossen und die Kraft nicht voll entwickelt ist. Daher kann es die geforderte Arbeit nicht leisten. Schon aus diesen rein physisch bedingten Gründen schlägt Guérinière vor, dass unter Berücksichtigung von Klima und Zuchtgebiet die Pferde am besten erst mit 6 bis 8 Jahren in Arbeit genommen werden sollen. Hinzu kommt noch, dass bei all zu jungen Pferden „Widersetzlichkeit und Mangel an Aufmerksamkeit besonders häufig ist. Das Gefühl der Freiheit, das sie an das freie Umherlaufen in den Gestüten hinter ihren Müttern erinnert, ist in ihnen noch zu lebendig. Die ersten Übungen fallen ihnen schwer. Nur langsam gewöhnen sie sich daran, ihren eigenen Willen dem des Menschen unterzuordnen." Für Guérinière steht aber auch fest, dass „der Mensch seine angebliche Macht stets zu sehr ausnutzt. Es gibt kein Tier mit einem besseren Gedächtnis für zu falscher Zeit gegebene Strafen" als das Pferd (vgl. Guérinière 1733/1942, S. 82).

Die inneren Fehler beziehen sich auf den Charakter, wie Furcht, Schlappheit, Faulheit, Ungeduld, Heftigkeit, Bösartigkeit oder sonstige schlechte Angewohnheiten. Guérinière betont aber immer wieder, dass schlechte Angewohnheiten nicht immer naturbedingt sind. Sie werden häufig erst durch die schlechten Ausbilder hervorgerufen. Einmal fest eingewurzelt, sind sie viel schwerer zu beseitigen als schlechte, natürliche Anlagen. Fünf wesentliche, in ihren Folgen recht unangenehme Eigenschaften entspringen den erwähnten Charakterfehlern: „Neigung zum Scheuen, Falschheit, Stetigkeit, Schlagen nach dem Sporen und Hengstmanieren" (Guérinière 1733/1942, S. 81). Ein scheuendes Pferd hat Angst vor jedem fremden Gegenstand und geht deshalb nicht voran. Diese Abneigung ist entweder in einer natürlichen Zaghaftigkeit oder einem Augenfehler begründet. Häufig trägt der Reiter durch zuviel Strafen Schuld. Die Angst davor ist größer als die vor dem Gegenstand, so dass das Pferd jedes Vertrauen verliert. Manchmal scheuen Pferde, die lange Zeit gestanden haben, beim ersten Herausführen vor jedem Gegenstand. Das verliert sich jedoch schnell, wenn man ihnen alles in Ruhe zeigt und nicht straft. Bösartig werden die Pferde hauptsächlich durch schlechte Behandlung. Sie beißen, schlagen und gehen auf den Menschen los. Unwissenheit und schlechte Laune der Reiter tragen mehr Schuld als die Natur.

Daher gilt für Guérinière der Grundsatz: „Was die Natur verweigert, kann die Kunst nicht ersetzen" (Guérinière 1733/1942, S. 82). Guérinière unterscheidet sehr genau zwischen natürlichen und künstlichen Gangarten: „Schritt, Trab und Galopp rechnet man zu den natürlichen, richtigen Gängen. Sie sind das Werk der Natur, ohne durch die Reitkunst verbessert zu sein. Künstliche Gänge werden dem Pferde erst durch einen geschickten Reiter beigebracht, um sie je nach Anlage und Geschicklichkeit in den verschiedenen Übungen zu vervollkommnen. Sie gehören in den Plan jeder gut geleiteten Reitschule. Sie sind aus den natürlichen Gängen entwickelt und tragen besondere Namen je nach Gang und Stellung. Bei diesen künstlichen Gängen unterscheidet man die „Schulen auf und über der Erde" (vgl. Abb. 18).

Kriegskunst und Reitkunst ergänzen sich gegenseitig. Die in den Reitschulen aufgestellten Regeln trugen wesentlich zur Genauigkeit in den Bewegungen der verschiedenen Armeen bei. Jede in der Reitbahn angelernte Bewegung hat eine entsprechende Bewegung der Kavallerie nach sich gezogen. Die Übungen über der Erde haben den einen Vorteil, dass die geschulten Pferde leicht und sicher Hecken und Gräben überwinden können. Der Erfolg militärischer Bewegungen hängt ab von ihrer Gleichmäßigkeit, diese wieder von einer guten Ausbildung.

Mit der Ausbildung des Truppenpferdes waren natürlich wie seit jeher auch Waffenübungen verbunden. Nach Erfindung der Feuerwaffen trat bei den Armeen an die Stelle der alten Ritterturniere mit ihrem Lanzenbrechen das so genannte „Kopfrennen". Man benutzte anfangs einen Baumstamm oder einen Pfahl, an dem man seine Treffsicherheit übte. Später bediente man sich eines hölzernen, geharnischten Mannes und schließlich einer Holzfigur, die sich um einen Zapfen drehte. Das Besondere dabei war, dass die Figur stehen blieb, wenn man sie mit der Lanze auf die Stirn zwischen die Augen und auf die Nase traf. Das waren die besten Stöße. Traf man an einer anderen Stelle, so drehte sich die Figur sehr schnell und schlug den Reiter mit einem Holzsäbel in den Rücken, wenn er diesem Schlag nicht geschickt auswich. Noch später ging man dazu über, nicht nur die Lanze, sondern auch die anderen Waffen gegen verschiedene Köpfe zu benützen. Anregung dazu gaben die Türkenkriege. Man übte sich im Rennen nach Türken- und Mohrenköpfen.

Ursprünglich diente diese Dressur der Pferde in den Reitschulen Europas dazu, sich gegen den Ansturm der Reitervölker aus Asien und Afrika zu wehren. Nach der Entdeckung Amerikas bildete sie bereits die Grundlage für die Eroberung fremder Länder und ihrer Reichtümer, in der die wohl dressierten Kriegspferde der Spanier die entscheidende Rolle gespielt hatten. Diese kriegsentscheidende Rolle behielt das Truppenpferd in den neuzeitlichen Kriegen bis zu den beiden Weltkriegen bei. Da in diesen mörderischen Kriegen Millionen von Menschen den Tod fanden, hat man fast darüber vergessen, dass es sich dabei auch um die größte und brutalste Pferdeschlächterei der Weltgeschichte gehandelt hat.

Abb. 18: Die Schulen über der Erde (aus Guérinière 1733)

11. Das Pferd im Kriegsdienst

Obwohl die Pferde seit Anbeginn ihrer Zähmung durch den Menschen auf unzähligen Schlachtfeldern zu Tode kamen, trat die große und verhängnisvolle Wende im Kriegsdienst des Pferdes erst mit der Erfindung der Feuerwaffen ein. Zu Beginn dieser Entwicklung im siebzehnten und auch zu Beginn des achtzehnten Jahrhunderts war jedoch die Verwendung von Gewehren und Pistolen weder wirksam noch sinnvoll. Vom Rücken eines Pferdes aus einen gezielten Schuss abzugeben, ist nicht leicht, außerdem bringt es Gefahren mit sich. Die Pferde können erschrecken und durchgehen oder steigen und ihre Reiter abwerfen. Es kam sogar vor, dass der Schütze im Eifer des Gefechts seinem eigenen Pferd eine Kugel in den Kopf schoss. Deshalb gehörte ja auch seit der Verwendung der Feuerwaffen die Gewöhnung an den Schusslärm zur Dressur der Truppenpferde in den Schulen der Kavallerie.

Dragoner und Husaren: Die Geburtsstunde des „Kavalleriegeistes"

Die Dragoner waren die ersten, welche bereits im Dreißigjährigen Krieg (1618–1648) die Vernichtungsgewalt der Feuerwaffen mit der Beweglichkeit einer berittenen Truppe verbanden. Dementsprechend bildeten sie ein Mittelding zwischen Infanterie und eigentlicher Kavallerie. Denn ihre Kampftaktik bestand darin, gegen die feindlichen Infanterielinien anzureiten, ihre kurzen Karabiner abzufeuern, um dann schließlich zu Fuß mit Pistolen und Raufdegen bewaffnet weiterzukämpfen. Die Dragoner wurden daher zunächst weniger als eine echte Reiterei, sondern eher als berittene Infanterie betrachtet. Je mehr aber das Fußgefecht bei ihnen in den Hintergrund trat, desto mehr wurden sie den eigentlichen Reiterregimentern ähnlicher. Von den Reiterregimentern unterschieden sie sich dadurch, dass diese ihre Attacken nach wie vor nur mit „blanker Waffe", d. h. mit gezogenem Säbel, ritten. In diesem Sinn verordnete noch Friedrich der Große, dass jede Eskadron, die zum Angriff vorgeht, den Feind mit blanker Waffe zu attackieren hat. Kein Kommandeur eines Reiterregimentes durfte bei Strafe einer entehrenden Degradierung seine Truppe feuern lassen.

Ein wesentlicher Beitrag zur Entwicklung der Kavallerie kam aus der ungarischen Steppe. Dort entstand ein neues Idealbild des berittenen Soldaten, das sich in fast allen europäischen Armeen ausbreitete. Es waren die Husaren, die als die natürlichen Nachfolger der Hunnen und Mongolen zu betrachten sind. Erstmalig sind sie bereits zur Zeit von Matthias Corvinus gegen Ende des 15. Jahrhunderts aufgetreten. Zuerst waren sie noch schwer gepanzerte Reiter, aus denen sich später eine irreguläre leichte Reiterei in ungarischer Nationaltracht entwickelte. Diese extrem beweglichen Reiter hatten eine ähnliche Taktik wie ihre Vorfahren, die asiatischen Reitervölker. Sie schlugen blitzschnell und mit vernichtender Kraft zu, um sich ebenso schnell wieder zurückzuziehen. Ihre Art zu reiten entsprach in keiner Weise den Regeln der klassischen Reitschulen. Sie ritten wie ihre Vorfahren mit gebeugten Knien, kurzen Steigbügeln und vorgeneigtem Oberkörper. Als Ferdinand von Neapel König Matthias einen spanischen Experten schickte, wurde dieser mit der Antwort abgefertigt: „Mit den Pferden, die wir selbst schulten, haben wir die Türken geschlagen, Sibirien unterworfen und jedermann in die Flucht geschlagen, und unsere Pferde spielten dabei eine ehrenhafte Rolle. Wir haben keinen Bedarf an Pferden, die im spanischen Stil mit gebeugten Hanken herum hüpfen; wir wollen sie nicht einmal zu unserem Vergnügen, geschweige denn für ernsthafte Geschäfte" (zit. nach Edwards 1988, S. 151). Spätere ungarische Reiter gingen sogar so weit, die Spanische Hofreitschule in Wien als ein „Fegefeuer für Pferde" zu bezeichnen.

Das Problem berittener Einheiten war, dass es ihnen zwar nicht an Mut fehlte, den sie manchmal bis an die Grenzen des Schwachsinns demonstrierten, wohl aber an Disziplin. Die Reiter waren, nachdem sie die feindlichen Linien im Galopp durchbrochen hatten, nie in der Lage, sich neu zu formieren, und wenn sie endlich so weit waren, dass sie wieder vereint hätten angreifen können, war entweder die Schlacht schon entschieden oder ihre Pferde erschöpft. Außerdem waren sie oft dazu geneigt, den Sieg über die Feinde zu ihrem eigenen persönlichen Vorteil auszunützen. Bezeichnend dafür ist ein Tagesbefehl Friedrich des Großen nach der Schlacht bei Mollwitz, in dem man die Husaren in wenig schmeichelhafter Gesellschaft findet: „Weiber, Husaren und Packknechte, die beim Plündern ertappt werden, sollen sofort gehenkt werden" (Brockhaus 1902, Bd. 9, S. 435). Trotzdem wurden von Friedrich dem Großen die Husarenregimenter vergrößert, um im Krieg gegen Österreich, wo die ersten Husarenregimenter als stehende Truppe errichtet worden waren, ein wirksames Gegengewicht zu haben. Schließlich bildeten die Husaren in jeder europäischen Kavallerie die Elitetruppe. Mit ihr erreichte die gesamte Kavallerie einen Standard, der nie wieder übertroffen wurde. In diese Zeit fällt auch die wahre Geburtsstunde des „Kavalleriegeistes". In der preußischen Armee wurden jedes Pferd und jeder Reiter mit derselben Sorgfalt ausgebildet, die ein Uhrmacher jedem Rädchen des Mechanismus zukommen lässt. Fünfzehn der zweiundzwanzig großen Schlachten von Friedrich dem Großen wurden mit Sicherheit durch den Einsatz der Kavallerie gewonnen. Er war es auch, der die ersten mobilen Geschütze auf den Schlachtfeldern einführte, die von Pferdegespannen im Galopp gezogen wurden. Diese reitende Artillerie des Preußenkönigs lieferte dann das Vorbild für derartige Einrichtungen in allen anderen Armeen Europas.

Wie in der Antike und im Mittelalter gab es auch in der Neuzeit zahlreiche Beispiele von Pferden, die fast genauso berühmt wurden wie die Feldherren, die sie trugen. Die berühmtesten waren Napoleons Schimmel Marengo und Wellingtons brauner Hengst Copenhagen. In der Schlacht von Waterloo waren beide Pferde im Einsatz. Während Copenhagen den siegreichen Wellington den ganzen Tag durch das Schlachtgetümmel trug, geriet Marengo in englische Gefangenschaft und leistete im Feindesland noch gute Dienste als wohlbehüteter Zuchthengst. Jedenfalls wurde er ganze zehn Jahre älter als Copenhagen, der 1836 im Alter von achtundzwanzig Jahren betrauert von der gesamten Nation starb. Der Herzog von Wellington ordnete ein Begräbnis von der Form an, wie es sonst nur hohen Offizieren zustand. Die Liebe zu ihren eigenen Pferden darf aber darüber nicht hinwegtäuschen, dass beide Feldherren ihre Kavallerie rücksichtslos im Kampf und auf langen entbehrungsreichen Märschen einsetzten, bei denen die Pferde massenweise zu Tode kamen. So verlor Napoleon auf seinem Kriegszug gegen Russland innerhalb von zwei Monaten 18 000 Pferde durch Überanstrengung und weitere 30 000 auf dem Rückzug von Moskau.

Der Kavalleriegeist wurde von den britischen Offizieren des 19. Jahrhunderts, deren Mut nur noch von ihrem Mangel an Sachkenntnis und Intelligenz übertroffen wurde, schrecklich missverstanden. Das Paradebeispiel für einen ruhmreichen, aber ebenso katastrophalen Angriff ereignete sich im Krimkrieg am 25. Oktober 1854 in der Nähe der Hafenstadt Balaklava. Wie in einem zeitgenössischen Bericht (White 1860) angegeben wird, wurden zwischen 600 und 700 Mann der Leichten Brigade ausgeschickt, um aus einer Entfernung von eineinhalb Meilen am Ende einer Schlucht eine ganze russische Armee mit ihren Batterien von Artillerie, Kavallerie und Infanterie anzugreifen. Mit dem Säbel in der Hand und im vollen Bewusstsein über die Hoffnungslosigkeit ihres Auftrages, galoppierte die kleine Truppe ihrem verhängnisvollen Schicksal entgegen. Ein eiserner Schauer von Kugelgeschossen ergoss sich über die mutigen Reiter. Viele ihrer Pferde brachen mitten im Lauf zusammen. Aber trotzdem erreichten die überlebenden Reiter die feindlichen Batterien, säbelten die Kanoniere nieder und traten mit dem gleichen Ungestüm den Rückzug an. Bei diesem katastrophalen Angriff, der von Dichtern wie Alfred Tennyson als das leuchtendste Beispiel für die Tapferkeit einer Nation besungen wurde, kamen 470 der ursprünglich 673 Pferde ums Leben, 42 wurden verwundet und weitere 43 später von ihren Leiden erlöst. Im weiteren Verlauf des Krimkrieges verhungerten noch viel mehr Pferde. Zwei Monate nach Balaklava hatte die Kavallerie 1800 von ihren 2000 Pferden, die aus Großbritannien mitgebracht wurden, verloren.

Im Zuge der weiteren Entwicklung der Waffentechnik wurde das Los der Kriegspferde immer schlimmer. An einem einzigen Gefechtstag des Ersten Weltkrieges fanden im Durchschnitt 7000 Pferde den Tod. Aber schon davor erhielten die Pferde einen Vorgeschmack von den tödlichen Strapazen der beiden Weltkriege. Denn die über weite Distanzen geführten Kriege verlangten zur Vorbereitung auf die Strapazen der langen Märsche eine besondere Art des Konditionstrainings, bei dem die Pferde von ihren siegreichen Reitern oft zu Tode geschunden wurden. Es waren die so genannten Distanzritte, an denen sich vor allem die Offiziere mit großer Begeisterung und geradezu an Schwachsinn grenzendem Ehrgeiz beteiligten.

Distanzritte: Die Vorbereitung zum Weltkrieg

Über den militärischen Zweck der Dauerritte gibt es eine klare Aussage von dem deutschen Generalmajor Freiherr von Maltzahn. Er besteht darin, „Offiziere und Unteroffiziere in erhöhtem Maße für die ihnen im Kriege zufallenden Aufgaben als Ordonnanzoffiziere und Patrouillenführer vorzubereiten. Sie sollen Reiter und Pferd fähig machen, den größten Anforderungen zu genügen und insbesondere bei dem Reiter die richtige Beurteilung für die höchste Leistungsfähigkeit seiner Person und seines Pferdes wecken und fördern." Doch wird auch die Warnung ausgesprochen, durch vorzeitige Abnutzung des Pferdes den eigentlichen Zweck dieses Unternehmens, die Schulung für den Krieg, in Frage zu stellen. Diese Warnung war mehr als berechtigt. Denn der erste im Jahre 1892 durchgeführte Distanzritt von Wien nach Berlin war für die Pferde eine wahre Katastrophe. Trotzdem verteidigte einer der erfolgreichen Teilnehmer, der k. u. k. Dragoner-Oberleutnant F. Höfer, in seinem 1893 erschienenen Buch *In 74 Stunden von der Donau bis zur Spree* diese für die Pferde so tragisch geendete Unternehmung mit folgenden Worten: „Absichtlich hat gewiss keiner von uns den Tod seines armen Pferdes verschuldet und es hat sich auch niemand gedacht, dass die armen Tiere dabei gänzlich zu Grunde gehen könnten." Dass die Pferde, die nicht ausgewechselt werden durften, während des 600 km langen Rittes erschöpft stehen bleiben, unfähig den Marsch ohne Pause fortzusetzen, das war anzunehmen und vorauszusehen. Dass aber so viele an Kolik, Herzschlag und Lungenentzündung verenden würden, das hatte niemand von den Teilnehmern geglaubt. Trotz dieser „bitteren, aber lehrreichen Erfahrungen" spricht Höfer in höchsten Tönen der Bewunderung über die Sieger dieses Rittes, die ihre Pferde rücksichtslos zu Tode geschunden hatten: „Ich selbst bewundere die Leistung des Oberleutnants Grafen Starhemberg, nicht nur, weil er der Erste war, sondern viel mehr noch, weil sein Pferd schon in Kolin (noch nicht die Hälfte des Weges) in Folge einer äußeren Verletzung lahmte und er es trotzdem an das Ziel brachte ... Nun kann man sich vorstellen, wie es ihm ging und was das heißt, auf einem müden und noch dazu verwundeten Pferde den Ritt bis zu Ende so zu forcieren. Ebenso erging es Oberleutnant Miklos zum Schlusse des Rittes, wo sein Pferd schon niederbrach, und er das sozusagen vor der Nase gewesene Ziel durch den Zustand des Pferdes in unerreichbare Ferne rücken sah. Jedoch sein eiserner Wille siegte, nach kurzer Erholung wurde die letzte Kraft geopfert, um das Pferd vorwärts zu bringen, und es gelang ihm, sein Ziel zu erreichen. Dazu gehört eine Zähigkeit höchsten Grades und kaltblütige Todesverachtung. Beide mussten aber Morphium-Injektionen bei ihren Pferden anwenden, um deren Schmerzen und Müdigkeit wenigstens auf kurze Zeit zu lindern."

Die Bilanz dieses grausamen Unternehmens war, dass nicht nur das Pferd des Siegers, des Husarenoberleutnants Graf Starhemberg, sondern weitere 8 österreichische und 18 deutsche Pferde an diesen Strapazen starben. Der Gerechtigkeit halber sei aber noch hinzugefügt, dass bei diesem Distanzritt auch ein Konditionspreis von 5000 Mark ausgesetzt war, den der österreichische Rittmeister Maximilian Haller gewann, dessen Stute bei der Inspektion noch den besten Eindruck hinterließ. Wie wenig man aber aus diesen bitteren Erfahrungen gelernt hatte, zeigt der kurz darauf im Jahre 1895 durchgeführte Distanzritt Dresden–Leipzig, der zwar nur über 135 km ging, bei dem aber von 22 Teilnehmern nur 16 das Ziel erreichten und sieben Pferde zu Tode geritten wurden. Beim Distanzritt Brüssel–Ostende im Jahre 1902 kam von den 60 Pferden trotz der ebenfalls kurzen Strecke von 132 km nicht einmal die Hälfte ins Ziel. 16 Pferde überlebten die Strapazen nicht.

Der Kriegskamerad Pferd im Ersten Weltkrieg

Zu Beginn des Ersten Weltkrieges war der Kavalleriegeist, der bereits so vielen Pferden das Leben gekostet hatte, nicht nur völlig ungebrochen, sondern erfuhr sogar noch eine geradezu romantische Verklärung: „Der Trompetenruf 1914, der zum großen Satteln geblasen wurde und Mann und Pferd von der Mutterscholle zur Vaterlandsverteidigung rief, erreichte auch das Pferd. Mutig prustend zog es hinaus ins Ungewisse. Im jungen Morgensonnenschein der Erwartung flatterten damals lustig die Fähnlein an den Lanzen der Reiter und rollten so flink die Räder der Geschütze ost- und westwärts. Und das Pferd trug, zum Streit befohlen, die Einsatzsehnsucht des deutschen Soldaten oder zog kräftig schreitend das rollende Kriegsgerät bis an den Feind" (Graf von Norman 1938, S. 11). Weniger romantisch aber ebenso überzeugt von der Unentbehrlichkeit der Kavallerie klingt es, wenn man von der feindlichen Gegenseite in einer Ausgabe des britischen *Cavalry Training* vom Jahre 1907 lesen kann: „Im Prinzip muss davon ausgegangen werden, dass das Gewehr, so leistungsfähig es auch ist, nicht die Wirkung ersetzen kann, die mit der Geschwindigkeit des Pferdes, der Kraft einer Attacke und dem Entsetzen des blanken Stahls erzielt wird" (zit. nach Edwards 1988, S. 150).

Diese ungebrochene Vorstellung von der in Jahrhunderten bewährten kriegsentscheidenden Bedeutung des Pferdes führte zu dem bislang größten Kavallerieaufgebot in der Geschichte der Menschheit. Die Realität dieses fürchterlichen Krieges mit seinen Grabenkämpfen, Stacheldrahtverhauen und Artilleriefeuern, hätte eigentlich den unverbesserlichen Glauben der Kavallerieoffiziere eines besseren belehren sollen. Das Gegenteil aber war der Fall. Es trat vielmehr eine Heroisierung der Pferde im Kriegsdienst ein, die nicht unbeträchtlich zu ihrem erneuten, noch katastrophaleren Einsatz im Zweiten Weltkrieg beitrug. So heißt es in einem Buch, das 1938 zu Ehren der Kriegspferde erschien: „Mit diesen Tapferen, die ihr Vaterland verteidigten, kämpften, litten oder fielen, stand Seite an Seite und an allen Fronten des Weltkrieges ein Kamerad. Ein stummer Kamerad und treuer Helfer, der jede ihm zugeteilte Pflicht bis zum letzten Atemzug erfüllte, unser Kriegskamerad Pferd. Rund eine Million Pferde haben wir im Großen Krieg verloren; sie wurden zerschossen, von Granaten zerfetzt, von Seuchen dahingerafft oder durch Kampfgase vernichtet. Sie waren unsere Kriegskameraden, die uns in guten und bösen Tagen geduldig, treu und tapfer zur Seite standen" (Graf von Norman 1938, S. 10). Ähnliche Verluste gab es auch in den anderen Ländern, die am Ersten Weltkrieg teilnahmen. Die Briten hatten zwar bereits eine Lehre aus dem vorangegangenen Burenkrieg gezogen, in dem zwischen den Jahren 1899 und 1902 326 000 von 494 000 Pferden starben, die wenigsten davon durch Feindeinwirkung. Trotz der verbesserten Pferdehaltung verloren die Briten im Ersten Weltkrieg fast eine halbe Million Pferde, vor allem deshalb, weil die Pferde im schlechtesten Wetter ungeschützt im Freien standen, was sie anfällig für Koliken und Lungenentzündungen machte (vgl. Edwards 1988, S. 156, 159).

Was ein Pferd im Alltag des Ersten Weltkrieges gelitten hat, kann man viel besser als durch trockene statistische Zahlen aus den Schilderungen der Kriegsteilnehmer erkennen: „Aufrecht und hilflos steht es da, gesattelt oder angespannt vor dem Geschütz oder Munitionswagen, wenn die Sprengstücke der Granaten surren oder Maschinengewehrfeuer rattert. Es fühlt nur instinktiv das ihm nahende Verderben, ohne aber in der Lage zu sein, sich davor schützen zu können. An der Last des Reiters oder der Geschütze hat es auch genug zu schleppen und kann nur ein paar Pfund Hafer mit sich führen, die bald verbraucht sind. Bei Regen und Kälte, bei Eis und Schnee muss es oft tage- und nächtelang im Freien verbringen, und manchmal ist nicht mehr als die Rinde eines Baumes oder das vertrocknete Stroh eines Daches vorhanden, um den grimmigsten Hunger vorübergehend zu lindern" (Major Braun in Norman 1938, S. 168). Trotz dieser Gefahren und des Geschützlärmes, den es so heftig wie nie zuvor in diesem Krieg gegeben hat, war die in vielen Schlachten von der Antike bis zur Neuzeit bewährte Anhänglichkeit und Treue des Pferdes zu seinem Reiter erhalten geblieben. So wird berichtet, dass ein Trupp von Husaren plötzlich in starkes russisches Infanteriefeuer geriet. Die Husaren sprengten sofort auseinander. Bei diesem Ritt stürzte ein Husar aus dem Sattel, während sein Pferd noch in vollem Schwung etwa 50 Meter mit den anderen Pferden vorprellte. Dann aber kehrte es um und lief zu seinem Reiter zurück. Bei diesem angekommen, blieb das Pferd stehen, so dass sich der gestürzte Husar wieder in den Sattel schwingen und seinen Kameraden nachjagen konnte (vgl. Norman 1938, S. 140). Aber nicht nur solche Beweise ihrer Anhänglichkeit lieferten die Pferde im Ersten Weltkrieg. Über den Tod ihres Reiters hinaus dienten sie auch dem abgesessenen und in Stellung gegangenen Reiter als Schutzwehr. So fand man nach einem nächtlichen Angriff der Russen am Morgen des nächsten Tages den Kavallerieleutnant Jost von Kallindin tot neben seinem Pferd liegen. Er hatte über den Rücken seiner still liegenden Stute Sabulissa auf die anstürmenden Feinde geschossen. Eine Kugel, die in der Mitte der Stirn einschlug, hatte ihn getötet. Sabulissa lag am Morgen, nach gut vier Stunden, noch immer unbeweglich und unverletzt neben ihrem Reiter. Das treue Tier, das bis zuletzt seine schwere Pflicht getan, war nicht zu bewegen, von der Bahre des Toten fortzugehen. Es verweigerte auch das Futter (vgl. Gerald v. Minnigrode in Norman 1938, S. 78). Mit Alexanders des Großen Bukephalos ist der Bronzefuchs des Leutnants Baron Doerry zu vergleichen, der seinen Reiter aus einem russischen Hinterhalt einen Kilometer weiter auf eine kleine Waldwiese in Sicherheit gebracht hatte. Dort aber „begann er leicht zu wanken, ließ sich langsam in die Knie und legte sich zu Boden. Der Reiter war abgesprungen, und das edle Pferd lag auf der Wiese, zog zwei-, dreimal die Beine an den Leib und lag dann regungslos da. Es war wirklich einen Heldentod gestorben! Fünf russische Gewehrkugeln hatten es getroffen, eigentlich jeder Schuss tödlich, und dennoch hatte das treue, hochedle Tier mit Aufbietung fast undenkbarer Kräfte seinen Herrn aus dem mörderischen Feuer getragen und ihm damit das Leben gerettet" (Norman 1938, S. 155).

Es waren aber nicht nur die Offiziere, die von den Heldentaten ihrer Pferde berichten konnten, auch die einfachen Frontsoldaten, die mit den Kolonnenfahrzeugen unterwegs waren, wussten von tragischen Ereignissen zu berichten, die ihnen schon deswegen zu Herzen gingen, weil es dabei auch manchmal um jene Pferde aus ihrer Dorfheimat ging, mit denen sie selbst aufgewachsen waren. So erinnerte sich der als Essenholer abkommandierte Soldat Franz J. Spreuer an ein durch einen Granateneinschlag zu Tode verwundetes Pferd, auf dem er selbst in seiner Kindheit geritten war: „Das Handpferd lag am Boden, schlug mit den Hinterbeinen wild um sich und stieß jene entsetzlichen Schreie aus, die uns zu Hilfe gerufen hatten. Mühsam versuchte sich das Tier immer wieder aufzurichten, während aus einer entsetzlichen Bauchwunde die Eingeweide heraushingen, die sich teilweise um das eine Hinterbein herumgewickelt hatten. Mit dem Kopf schlug das Pferd immer wieder in die Regenbäche, so dass Blut und Dreck herumspritzten, während das Sattelpferd, das nur einige unbedeutende, wenn auch stark blutende Wunden davongetragen hatte, ängstlich an den Strängen zerrend, auf dieses grauenvolle Bild blickte." Nachdem das Sattelpferd ausgespannt und nur widerstrebend und immer wieder sich nach seinem langjährigen Kameraden zurückblickend beiseite geführt worden war, ließ es sich der Soldat nicht nehmen, dem vierbeinigen Freund der Heimat die letzte Gnade zu erweisen. Die Schilderung dieses sich unzählige Male in den beiden Weltkriegen wiederholenden Vorganges lässt erahnen, welch starke seelische Beziehung Mensch und Pferd in diesen schrecklichen Kriegszeiten eingegangen sind: „Trotz der rohen Kriegsgewöhnung zitterte meine Hand, als ich vor das liegende Tier hinkniete. Ob es mich trotz seiner Schmerzen erkannt hatte? Tatsache ist jedenfalls, dass es sichtlich ruhiger wurde, ganz so, als ob es von mir Hilfe in seiner entsetzlichen Qual erwartete. Riesig groß lag vor mir der Kopf des Tieres, mit dem ich in seligem Jugendübermut noch vor wenigen Jahren herumgetollt war. Ob das Tier auch zurückdachte an den frohen Burschen, der oft auf seinem Rücken zur kühlenden Schwemme geritten war? Durch einen Feuerschein beleuchtet, sah ich in die vor Schmerz weit aufgerissenen Augen, die jetzt rätselvoll vor mir aufleuchteten. Vergessen war da Krieg und Winterkälte; nur wir zwei waren auf der Welt, das todwunde Pferd und ich, sein Kamerad. Da mögen die Menschen um die Seele des Tieres sich streiten und tiefgründige Abhandlungen darüber schreiben, für mich lag vor mir ein Kamerad, dem zu helfen ich verpflichtet war. Langsam schob ich die Hand mit der Pistole gegen das Gesicht des Tieres, das jetzt ganz ruhig dalag. Meinen Blick in die großen und guten Augen des Tieres versenkend, drückte ich ab. Ein dumpfer Knall, wie von weither, klang an mein Ohr, und augenblicklich erlosch das Leuchten in den Augen des braven, unschuldigen Tieres" (Spreuer in Norman 1938, S. 370).

Der dauernde, wenn auch meist tragische Umgang mit den Pferden im Ersten Weltkrieg hatte aber zu neuen Erkenntnissen in der Psychologie des Pferdes geführt. Das Verhalten der Pferde im feindlichen Feuer, ihr ungeheurer Ortssinn, der sich beim Wiederfinden von Wegen in dunkelster Nacht zeigte und das Gedächtnis des Pferdes, das in allen Teilen Europas auf den Schlachtfeldern gewesen war, aber seinen ursprünglichen Stall in dunkler Nacht wiederfindet und schon von Weitem durch helles Wiehern seine Freude darüber äußert, waren Erfahrungen, die in der Form sonst nicht möglich gewesen wären. Zumindest hatte man vorher in den militärischen Kreisen dem Seelenleben des Pferdes verhältnismäßig wenig Beachtung geschenkt. In der Nachkriegszeit legte man jedoch diesen Erkenntnissen der geistigen Eigenschaften der Pferde eine so große Bedeutung zu, dass sie bald Allgemeingut bei der Ausbildung der Pferde in der Truppe und berittenen Polizei wurden. Während man früher nur von den Kosaken wusste, dass sich ihre Pferde im feindlichen Feuer auf Verlangen des Reiters hinlegen und so eine geringe Zielfläche und dem Reiter eine Auflage für den Karabiner bieten, wurde dieses Verhalten immer häufiger auch bei den deutschen Soldatenpferden trainiert. Darüber hinaus legte man natürlich gesteigerten Wert auf eine absolute Unempfindlichkeit gegen Motorengeräusche oder Gewehrfeuer und einen unbedingten Gehorsam, so dass die Pferde ihren Ausbildern wie gut abgerichtete Hunde folgen mussten. Über den eigentlichen Zweck einer solchen neu aufkommenden Pferdepsychologie wurde jedoch kein Zweifel übrig gelassen: „Das alles beruht auf weitgehendem Begreifen des an sich so kleinen Pferdeverstandes und dient letzten Endes dazu, das Pferd für den Ernstfall vorzubereiten" (Major W. Braun in Norman 1938, S. 170). Dieser Ernstfall trat schon sehr bald mit dem Beginn des Zweiten Weltkrieges ein, der für die Kriegspferde die letzte und zugleich größte Katastrophe aller Zeiten wurde.

Der Zweite Weltkrieg und das Ende des Kriegspferdes

Trotz der seit dem Ersten Weltkrieg fortschreitenden Motorisierung, war man zu Beginn des Zweiten Weltkrieges noch felsenfest davon überzeugt, dass Maschinen das Pferd nie voll und ganz ersetzen könnten. Vieles hat sich zwar dadurch geändert; „unverändert", so lautete das Argument, „bleiben aber das Klima und die Bodenverhältnisse. Auf schwerem, durch strömenden Regen durchweichtem Lehmboden, bei tiefem Schnee und grimmiger Kälte wird das Pferd in Zukunft genau so wie im Kriege noch immer sich mit seinen vier Beinen tapfer hindurchzukämpfen wissen, während der Motor unter solchen Verhältnissen zur Ohnmacht verurteilt ist." Auf Grund dieser Überzeugung war auch das Aufgebot an Pferden bei allen kriegführenden Nationen sogar noch größer als im Ersten Weltkrieg. So wurden beinahe doppelt so viele Pferde in der deutschen Armee eingesetzt und die Rote Armee schickte, getreu ihrer Reitertradition, gut 3,5 Millionen Pferde in den Kampf. Noch nie in seiner langen Geschichte wurde das Pferd rücksichtsloser ausgenutzt als im Zweiten Weltkrieg. Der alte Kavalleriegeist war noch immer ungebrochen. Denn man ritt es gegen Panzer und führte trotz massiven Maschinengewehrs und Kanonenfeuers mit ganzen Regimentern berittene Durchbruchsattacken. Das Pferd wurde dabei immer zu allererst getroffen. Selten gab es eine Deckung oder ein Entkommen, wenn es vor ein Geschütz oder vor einen Trosswagen gespannt war. Im harten russischen Winter standen die Pferde oft bei Temperaturen bis minus 50 Grad im Freien und fraßen morsche Holzschindeln oder fauliges Stroh von den Dächern (vgl. Piekalkiewicz 1976, S. 4).

Das große Pferdesterben dauerte von der ersten bis zur letzten Kriegsstunde. Gleich zu Beginn des Zweiten Weltkrieges demonstrierte eine berittene Attacke der polnischen Kavallerie, wie hoffnungslos das Pferd den modernen Waffen ausgeliefert war. Um diese erste Reiterattacke des Zweiten Weltkrieges am 1. September 1939 hat sich die oft wiederholte Legende gebildet, dass die polnische Kavallerie ebenso todesmutig wie selbstmörderisch mit dem blanken Säbel deutsche Panzer angegriffen habe (vgl. Morris 2001, S. 16). Tatsächlich war diese Attacke gegen eine Einheit der deutschen Infanterie gerichtet, die von diesem Ansturm der säbelschwingenden Reiter überrascht sich zur Flucht wendete. In der Hitze des Gefechtes übersahen aber die polnischen Ulanen das plötzliche Auftauchen einer langen Kolonne von Panzern und motorisierten Einheiten: „Ein Hagel von Feuersalven aus den gepanzerten Fahrzeugen empfängt die Polen und ehe es ihnen gelingt, die rasenden Pferde zu wenden, beginnt das Gemetzel. Pferde brechen schwer zu Boden, gehen durch und schleifen die getroffenen Reiter im Bügel mit … Hier und da hetzen einzelne Reitergruppen in völliger Auflösung übers Feld, liegen dunkle Klumpen verstreut auf der Straße, stöhnen Verwundete und galoppieren reiterlose Pferde mit schlagenden Bügeln und schleifenden Zügeln über die Äcker davon" (Piekalkiewicz 1976, S. 10). In wenigen Augenblicken hatten die Ulanen die Hälfte ihrer Leute verloren. Ein ähnliches Schicksal erlitten alle Kavallerieattacken, wenn sie auf motorisierten Einheiten oder gar auf Panzer trafen. Die einzige Überlebenschance für die Kavalleristen bestand nur darin, in einem halsbrecherischen Manöver zu versuchen, so schnell wie möglich an den Panzern vorbeizukommen. Das aber gelingt nur selten, wie die schweren Verluste der griechischen Kavallerie zeigten, die selbst keine motorisierten Einheiten zur Unterstützung besaß. Als sie am Balkan auf ein deutsches Panzerkorps traf, war sie dem Feuer der gepanzerten Geschütze hilflos ausgeliefert. Die Wirkung der Granatsplitter war entsetzlich, sie mähten die Pferde nieder und zerrissen die Reiter in ihren Sätteln in Stücke. Einzelne Pferde, deren Gedärme aus den zerfetzten Bäuchen quollen, irrten im Gelände herum. Das ganze Tal war mit Pferdeleibern bedeckt. Viele von den Tieren wälzten sich im Todesschmerz markerschütternd schreiend auf dem Boden oder schlugen, auf der zerschossenen Hinterhand sitzend, mit den Vorderläufen wie wahnsinnig in die Luft (vgl. Piekalkiewicz 1976, S. 42).

Auch im Norden an der Westfront spielen sich ähnliche Pferdeschlächtereien ab. Eine der schlimmsten davon war die Tragödie am Ladoga-See. Diesmal waren es russische Armeeverbände, die von der mit den Deutschen verbündeten finnischen Armee eingekreist worden waren. Die sowjetische mit Pferden bespannte Artillerie hoffte, über den Ladoga-See übersetzen zu können und so der Umkreisung der Finnen zu entgehen. Zwei Tage nach Erreichen des Seeufers brach im umliegenden Urwald unter dem Beschuss der finnischen Armee ein verheerendes Feuer aus. Abertausende von wild gewordenen Pferden rannten der durch starken Nordwind sich schnell verbreitenden Feuersbrunst entgegen, um dem MG-Feuer zu entgehen. Mit herzzerreißendem Geschrei, in Flammen gehüllt, durch Schmerzen wahnsinnig geworden, rasten sie – riesigen Fackeln gleich – im Galopp hin und her, bis sie bei lebendigem Leibe verbrannten. Wiederum einige Tausend von ihnen durch den wütenden Brand erschreckt, stürzten sich in den Ladoga-See. Augenblicke später wimmelte es in der seichten, schmalen Bucht von zu Tode erschrockenen Tieren, die in dem eiskalten Wasser zwischen dem in Flammen stehenden Ufer und den Untiefen des Sees Rettung suchten. Über den zusammengepferchten Tiermassen schwebte bald eine Dunstwolke, die bei dem schnell eintretenden Abendfrost die vor Todesangst bebenden Tiere mit einer Eiskruste bedeckte. Als sich am nächsten Morgen die ersten finnischen Späher durch die verbrannte Gegend wagten und an das Ufer der Bucht gelangen, bot sich ihnen ein schreckliches Bild dar: „Der See war wie eine unendliche weiße Marmorplatte, auf die man Hunderte und Aberhunderte von Pferdeköpfen gestellt hatte. Sie sahen aus wie durch den scharfen Schnitt einer Henkerklinge abgetrennt. Nichts als die Köpfe schaute aus der Eiskruste hervor, alle dem Ufer zugewandt. In den weit geöffneten Augen stand noch das Entsetzen" (Piekalkiewicz 1976, S. 51).

Nicht viel besser ging es den Pferden in der deutschen Armee. Die langen, unaufhörlichen Märsche, das karge Futter und die wenigen Rastpausen verbrauchten ihre letzten Kräfte. Reihenweise verloren sie die Hufeisen, die oft nur dadurch zu beschaffen waren, dass man sie den toten Pferden von den Hufen gerissen hat. Nachdem sie unverdrossen bei glühender Hitze oder im eiskalten Winter, auf harten Betonpisten und holprigem Pflaster, über zerfurchte Wege und durch knietiefen Morast marschiert waren und die Schlachtfelder erreicht hatten, waren sie der modernen Kriegstechnik völlig ausgeliefert. So war Stalingrad nicht nur eine Katastrophe für die deutschen Soldaten. Es kamen auch 52 000 Pferde mit ihren zweibeinigen Kameraden im Kessel dieser belagerten Stadt um. Doch die Tragödie auf der Krim stellte alles noch in den Schatten. Denn dort, wo bereits im Ersten Weltkrieg Hunderte von Pferden in den Tod gejagt wurden, starben nun die Pferde durch die Hand jener Menschen, denen sie so treu gedient hatten.

Als die auf der Halbinsel eingeschlossene deutsche 17. Armee im Frühjahr 1944 endlich den rettenden Räumungsbefehl bekam, bedeutete er gleichzeitig das Todesurteil für die Pferde, die man weder abtransportieren konnte, noch den Sowjets überlassen wollte: Der gesamte Bestand der Armee, etwa 30 000 Pferde, wurde auf Befehl von oben reihenweise an den Rand der steilen Klippen geführt, erschossen und in den Abgrund gestürzt. Eigentlich hätte jeder Mann sein Pferd eigenhändig erschießen sollen, aber die wenigsten waren dazu bereit. So mussten die Veterinäre dieses grauenvolle Amt übernehmen. Ein Mann der Veterinärkompanie hielt das Pferd an der Kandare, der andere legte das Gewehr ans Ohr und drückte ab. Danach wurden die Pferde über den Steilhang gestoßen, von wo sie hundert Meter tief ins Meer stürzten. Als die Zeit zum Abmarsch drängte und die auf dem Gelände versammelten Pferde immer unruhiger wurden, holte man Maschinengewehre. Die armen Tiere wurden an den Rand der Klippen getrieben und es wurde so lange erbarmungslos geschossen, bis kein einziges mehr oben stand (vgl. Piekalkiewicz 1976, S. 71). Mit dem Ende des Zweiten Weltkrieges gehörte das Kriegspferd endgültig der Vergangenheit an. Die Motorisierung machte zwar weniger drastisch und weniger schnell, aber schließlich auch mit der Knechtschaft des Pferdes als Arbeitstier ein Ende.

12. Das Schicksal des Arbeitspferdes

Pferde hatten seit Beginn ihrer Domestikation nicht nur auf allen Schlachtfeldern der Welt gekämpft und gelitten, sie waren auch in Friedenszeiten unentbehrlich. Gütertransport, Nachrichtenübermittlung und Landwirtschaft waren vollkommen abhängig von der Kraft und Schnelligkeit der Pferde. Sie mussten schwere Lasten tragen, Wagen ziehen und wurden auf diese Weise oft zu Tode geschunden. Im „Goldenen Zeitalter" der gefederten Kutschen waren so viele von diesen bequemen Fahrzeugen auf den Straßen unterwegs, dass man sich sogar um den Fortbestand der Reitkunst Sorgen machen musste. Auch technische Neuerungen, wie Eisenbahnen und Kanalnetze für den Schiffsverkehr im Binnenland, brachten zunächst keine Erleichterung für die Pferde, sondern nur neue Mühsal. Denn die Eisenbahnen wurden ebenso wie die Straßenbahnen in den Großstädten ursprünglich von Pferden gezogen. Solche Pferdeeisenbahnen waren zwar für die Passagiere bequemer als die holprigen Postkutschen, aber nicht für die Pferde. Deren Zugkraft wurde vielmehr rücksichtslos dadurch ausgenutzt, dass man die Zahl der Passagiere und das Gewicht der Nutzlast erhöhte. Und das Kanalsystem brachte einen neuen Typ eines schwer arbeitenden Zugpferdes hervor, das auch an den Flussufern tätig war: das so genannte „Treidelpferd", das auf engen Pfaden neben den Kanälen tonnenschwere Schleppkähne zog. Noch härter aber war das Schicksal des Grubenpferdes, das vier oder fünf mit Kohlen schwer beladene Loren in ewiger Finsternis der Bergwerke ziehen musste. Auf den Äckern und Feldern im Freien führte die Züchtung schwerer kaltblütiger Zugpferde, die ursprünglich nur dazu dienten einen gepanzerten Krieger zu tragen, zur Verdrängung der langsamen Ochsen aus der Landwirtschaft, die als Erste vor den Pflug gespannt wurden. Die Erfindung neuer landwirtschaftlicher Geräte, wie mehrscharige Pflüge, Sämaschinen und Mähdrescher, brachten auch hier keinen Vorteil für die zugkräftigen schweren Pferde, die alle diese Geräte ziehen mussten. Auch für die Waldwirtschaft waren diese Pferde unentbehrlich. Sie schleppten ganze Baumstämme aus den Wäldern in die Sägewerke oder an die Flüsse. Es gab Mühlen, die oft von blinden oder lahmen Pferden angetrieben wurden und die dort standen, wo Wind- oder Wassermühlen unpraktisch gewesen wären. Auch hier war es eine technische Erfindung, der so genannte Pferdegöpel, mit dem die meist schon alten und abgearbeiteten Pferde zu der elenden und stumpfsinnigen Arbeit gezwungen wurden, die darin bestand, den ganzen Tag lang im Kreis herumzulaufen, um Mahlwerke und andere landwirtschaftliche Maschinen anzutreiben. Wie sehr die Pferdekraft Verkehr und Wirtschaft eines Landes bestimmte, kann man schon daraus ersehen, dass nach der Erfindung der Dampfmaschine durch James Watt im Jahre 1769 die Kraft, welche die neue Maschine erzeugte, nämlich die, die erforderlich ist, um ein Gewicht von 75 Kilo in einer Sekunde um einen Meter zu heben, noch als Pferdestärke bezeichnet wurde – eine Regelung, die auch heute noch im Zeitalter der totalen Motorisierung erhalten geblieben ist.

Das goldene Zeitalter der Kutschen

Mit den von Pferden gezogenen Wagen konnte man zunächst noch keine großartigen Geschwindigkeiten erzielen. Noch im Jahre 1821 beklagte sich Ludwig Börne (1786–1837) über die „deutsche Postschnecke". Sie war so langsam, dass ein Wirt dem Postwagen nachgehen konnte, um einen Reisenden daran zu erinnern, dass er vergessen hatte, seine Rechnung im Gasthaus zu bezahlen. Zwischen Frankfurt und Stuttgart hatte der Postwagen 14 Aufenthalte, wo die Pferde gewechselt wurden und bei denen sich der Postillion regelmäßig an einem Schoppen Wein erquickte. Dies veranlasste einen Reisenden zu der spöttischen Bemerkung: „Es wäre zweckmäßig, wenn in jeden Postwagen ein Hochfürstlich Turn- und Taxisches Stückfass gestellt würde, damit das fahrende und gefahrene Personal daraus zapfen und trinken könne, ohne sich aufzuhalten" (Börne 1821, S. 54). Hatte sich nun der Postwagen endlich wieder in Gang gesetzt, dann erfolgte ein derartiges Rütteln, dass sogar die Hüte der Passagiere verbeult und gequetscht wurden, „man habe sie nun auf dem Kopfe, auf dem Schoße oder oben im Netze" (Börne 1821, S. 65). Auch die Fahrgeräusche des Postwagens, so langsam er auch fahre, seien beträchtlich: „Er ächze, seufze, stöhne, klappere, grunze, schnurre, rassele, zische, miaue, belle, knurre, schnattere, quäke, brumme, klimpere, pfeife, murmele, schluchze, singe, klage, und schmolle" (Börne 1821, S. 59). Ein vielgereister Sonderling, der zeit seines Lebens einen unerschöpflichen Vorrat an sarkastischen Bemerkungen über die Langsamkeit der Postillione hatte, verfügte dennoch in seinem Testament, dass ein Postwagen seiner Leiche folgen sollte: „Denn da es der Anstand erheischt, dass ein Leichenzug feierlich und langsam vor sich gehen muss, so werden die Postillione das Letztere unfehlbar am besten ausrichten" (Börne 1821, S. 67). Die Reisen mit dem Postwagen dauerten nicht nur wegen der häufigen Aufenthalte, sondern vor allem wegen des Mangels an befestigten Straßen so lange. Auf schlechten Wegen musste der Kutscher oft neben seinen Pferden hergehen und selbst auf guten Wegen wurde nur eine Geschwindigkeit von etwa vier Stundenkilometern erreicht. Ein weiterer Grund für die Langsamkeit der deutschen „Postschnecke" war die Bauweise dieses Fahrzeuges. Der unerhört hohe und schmale, gelb angestrichene Wagenkorb saß unmittelbar auf den Achsen auf, wodurch die Federung einen Großteil ihrer Wirkung verlor. Türen gab es nicht, und die primitiven Leinwandvorhänge an den Seiten boten nur ungenügenden Schutz gegen Wind und Wetter. Vor der Abfahrt lud man zuerst das Gepäck und die verschiedenen Warengüter auf und in den Wagen, und der Reisende mochte zusehen, wie er in dem Wirrwarr noch einen Platz fand.

Dieser Zustand verbesserte sich erst mit dem Siegeszug der Kutsche und mit dem Bau von Kunststraßen, die ein schnelleres und komfortableres Reisen ermöglichten. Die Kutsche war eine ungarische Erfindung, die ihren Namen nach dem ungarischen Ort Kocs erhielt. Sie unterschied sich von den bisherigen Fahrzeugen nicht nur durch die bedeutend größeren Hinterräder, sondern auch dadurch, dass der Wagenkasten in Riemen hing. Die Elastizität dieser Riemen bewirkte ein leicht schwankendes Schaukeln, welches das furchtbar angreifende Stoßen des bisher unmittelbar auf der Achse angebrachten Sitzkastens einigermaßen aufhob und dadurch die Strapazen des Fahrens für die Passagiere erträglicher machte. Dieser Wagentyp verbreitete sich innerhalb weniger Jahrzehnte in ganz Europa. Das goldene Zeitalter der Kutschen war angebrochen. Es begann zuerst in England als der Generalpostmeister und Kutschenliebhaber John Palmer am 2. August 1784 die erste Postkutsche von Bristol über Bath nach London schickte. Die Kutsche fuhr die Nacht hindurch und kam nach der erstaunlichen Fahrzeit von nur fünfzehn Stunden um acht Uhr morgens am Hauptpostamt in London an. Der Fahrplan war genau eingehalten worden, und die Kutsche hatte eine gute Stunde weniger gebraucht als die schnellsten anderen Kutschen jener Zeit. Im Unterschied zu den langen Aufenthalten der früheren Postwagen waren die Pferdeburschen an den Zwischenstationen der Postkutsche darauf gedrillt worden, die Pferde in weniger als einer Minute zu wechseln. Auch die Ausstattung der Sitzplätze für die Passagiere hatte sich verbessert. Es gab vier relativ bequeme Sitzplätze im Kasten und vier weitere auf dem Dach. Hinter dem Kasten befand sich die Kiste für die Post, über der ein Wächter saß. Dieser war mit einem Gewehr bewaffnet und mit einem langen Horn ausgerüstet, mit dem er Gastwirte auf die herannahende Kutsche aufmerksam machte. Schon bald setzten private

Unternehmen, durch den Erfolg der staatlichen Postkutschen angeregt, eigene Passagierkutschen ein, die zu denselben Bedingungen fuhren wie die der Post. Schon um 1800 konnten die Postkutschen allein die Nachfrage nicht mehr bewältigen, und so konnten die privaten Anbieter festen Fuß fassen. Ihre Kutschen befuhren regelmäßig die wichtigsten Routen und hielten ihre Zeitpläne so genau ein, dass man die Uhren nach der Ankunft der Passagier- oder Postkutsche stellen konnte. Die privaten Kutschen beförderten gewöhnlich zwölf Passagiere, davon acht auf dem Dach. Ihre Fahrpreise waren niedriger als die der Post, dafür waren sie etwas langsamer. Die meisten von ihnen verkehrten nur am Tage und legten bei den Stationen, an denen die Pferde gewechselt wurden, kurze Essenspausen ein. Ihre Durchschnittsgeschwindigkeit betrug auf fast allen Strecken 16 Stundenkilometer. Doch die Königliche Post war mit einer Durchschnittsgeschwindigkeit von 19 Stundenkilometern noch schneller. Um dieser Konkurrenz gewachsen zu sein, mussten die privaten Anbieter ebenso gut sein wie die Post oder noch besser. Doch die Unkosten waren wegen der großen Ausfallquote der Pferde sehr hoch. Ein Pferd vor einer der langsameren Kutschen konnte bis zu fünf Jahre durchhalten, die vor den schnellen Kutschen mit einer Durchschnittsgeschwindigkeit von 16 Stundenkilometern waren nach drei Jahren verbraucht. Es kam häufig vor, dass Pferde sich tot arbeiteten, was jedoch von den Betreibern nicht als sonderlich tragisch empfunden wurde. Denn Ersatz für die verbrauchten Pferde gab es genug.

Um die erforderlichen Geschwindigkeiten zu erzielen, kamen zwar nur Vollblutpferde in Frage. Aber als Kutschpferde wurden auch Pferde mit jeder Art von Untugend und solche mit körperlichen Fehlern in Kauf genommen. Sogar blinde Pferde konnten wegen ihres erstaunlichen Orientierungsvermögens noch nutzbringend eingesetzt werden: „Wir haben alle zusammen nur ein Auge", sagte ein alter einäugiger Kutscher, als er mit seinem blinden Gespann im Dunkeln über eine Brücke fuhr (vgl. Edwards 1988, S. 201). Schläger, Bocker, Durchgänger – alle waren zu gebrauchen. Auch die schwierigsten Pferde wurden nach einigen Wochen vor der Kutsche ruhiger. Wenn das nicht half, so hatte man für solche Pferde-Bösewichter ein sicheres Mittel, ihre Machtlosigkeit dem Menschen gegenüber zu demonstrieren. Es ist das so genannte „Werfen" des Pferdes, das in *Illustrated Horse-Breaking* von Captain M. H. Hayes empfohlen wird und sehr an die brutalen Zwangsmethode Grisonnes, das Pferd zum Kniefall zu bringen, erinnert. Denn auch hier wird das Pferd mit Hilfe von Stricken, die durch eiserne Ringe gezogen werden, zu Fall gebracht (vgl. Abb. 19).

Da längeres Galoppieren für Pferde, Wagen und Fahrgäste eine uner-

Abb. 19: Werfen eines Pferdes (aus Wrangel 1895)

trägliche Belastung gewesen wäre, ließen die Kutscher ihre Gespanne nur gelegentlich und nur auf geraden Strecken galoppieren – und das auch nur, wenn der Straßenbelag in wirklich gutem Zustand war. Den Postkutschen war das Fahren im Galopp sogar gesetzlich verboten. Dieses Gesetz konnte jedoch durch einen sehr schnellen Traber, der nicht von selbst in Galopp fiel, umgangen werden. Solange er trabte, konnten seine drei Gefährten im Gespann ruhig galoppieren, ohne dass gegen das Gesetz verstoßen wurde. Gesetzliche Maßnahmen mussten auch im zaristischen Russland ergriffen werden, um die Rasereien und Rüpeleien im Straßenverkehr zu unterbinden, die mit der typisch russischen Anspannung, der Troika, immer mehr zunahmen. Drei Pferde, das im Wuchs größere Mittelpferd im raumgreifenden Trab, die beiden kleineren Pferde an der Seite im Galopp, stürmten wie im Wettlauf vor dem Wagen oder Schlitten so schnell dahin, dass sie für die Fußgänger zur Lebensgefahr wurden. Deshalb versuchte man durch einen strengen Erlass mit folgendem Inhalt die Bürger vor solchen Gefahren zu schützen: „Wenn jemand so unachtsam handelt, dass Leute zur Seite springen müssen oder gar von Zügeln gestreift oder von Pferden oder Schlitten geprellt werden, so erfolgt entsprechend der Schuld eine Bestrafung oder Hinrichtung" (zit. nach Gleß 1986, S. 101). Die Bestrafung bestand darin, dass der Schuldige zunächst mit der mehrstriemigen Knute, dann mit der Peitsche geschlagen und schließlich zur Zwangsarbeit verurteilt wurde, wenn er nicht schon gleich hingerichtet worden war.

Das Postnetz in den russischen Weiten hatte eine schier unvorstellbare Ausdehnung, die am besten durch die Notizen Alexander von Humboldts über seine im Jahre 1829 unternommene Sibirienreise verdeutlicht werden kann: Humboldt reiste in 184 Tagen von Petersburg über Moskau, Kasan, Jekaterinburg, den nördlichen Ural, Tobolsk bis zum Altai und wieder zurück. Für die 15 000 Kilometer benötigte er die Dienste von 659 Poststationen. Als Bespannung und zum Reiten verwendete er im steten Wechsel 12 244 Pferde.

Auch die Einführung der Eisenbahn schränkte zunächst die Bedeutung der Pferde für den Verkehr nicht wesentlich ein. Als am Ende des 19. Jahrhunderts im europäischen Russland bereits 40 000 Kilometer Eisenbahngleise vorhanden waren, gab es immer noch 185 000 Kilometer Postwege, auf denen die Pferde durch Wind, Regen und Schneestürme dahintrabten. Die Schnelligkeit und Ausdauer dieser Pferde war einer neuen Zucht zu verdanken, aus der auch der berühmte Kluge Hans (vgl. Krall 1912, S. 13) hervorgegangen ist. Es war der nach seinem Züchter benannte Orlow-Traber. Dem Grafen Alexy Orlow gelang es im Jahre 1774 durch Kreuzung des arabischen Hengstes Smietanka mit einer dänischen Stute einen Hengst hervorzubringen, unter dessen dreißig Nachkommen sich ein Hengst befand, der sich durch einen außerordentlich Raum greifenden Trab auszeichnete. Dieser Hengst mit dem Namen Bars I war der erste der berühmten Orlow-Traber. Ein solcher Orlow-Traber hatte eine vollendete Gangart, durch die er mit jeder Bewegung seiner Füße drei bis vier Körperlängen vorwärts kam und auf diese Weise unglaubliche Spitzengeschwindigkeiten erreichte. So behauptete der General-Leutnant Zorn in dem Wochenblatt für Pferdeliebhaber, Jahrgang 1823, dass Lubaszka, ein Pferd das dem Obersten Krüdner gehörte, auf dem Eis eine Geschwindigkeit von zwei Kilometer in der Minute erreichte (vgl. Hutten-Czapski 1876, S. 674). Glaubwürdiger sind die Angaben über die finnischen Traber (vgl. Abb. 20), die ebenfalls auf dem Eis für vier Kilometer fast sieben Minuten brauchten und selbst bei der größten Kälte ihre eiserne Gesundheit bewahrten.

Kam es bei den Kutschpferden und Trabern auf Schnelligkeit und Ausdauer an, so stand bei den Arbeitspferden in der Landwirtschaft und im Bergbau die Zugkraft im Vordergrund. Bei all diesen Arbeiten zeichneten sich vor allem die größten und kleinsten Pferderassen aus. Es waren die schweren Kaltblüter, die bereits im Mittelalter bekannten Ardenner, die französischen Percherons, die britischen Clysdale und Shire sowie die mächtigen Belgier auf der einen Seite und die kleinen Ponys auf der ande-

Abb. 20: Der finnische Traber „Weikko" (aus Wrangel 1895)

ren Seite, welche die größten Leistungen vollbrachten. Das wohl schwerste und mächtigste Pferd aller Zeiten war der im Jahre 1930 in Minneapolis/ USA geborene belgische Hengst „Brooklyn Supreme". Er soll im ausgewachsenen Zustand 1 532 kg gewogen und einen Brustumfang von 2,60 m gehabt haben. Das kleinste Pferd der Welt dürfte wohl das Shetlandpony „Sugar Dumpling" gewesen sein, das bei einer Größe von 53 cm nur knappe 14 kg wog. Es lebte ebenfalls in Amerika auf einer Farm in Westvirginia, wo es im Jahre 1962 starb (vgl. Böhm 1996, S. 170 u. 174).

Das Gebirgspferd und das Grubenpferd

Wie unterschiedlich das Leben der kleinen Arbeitspferde sein konnte, zeigen die Berichte über das kleine Gebirgspferd aus den Karpaten im Vergleich zu der Darstellung des Schicksals eines Grubenpferdes. So heißt es in der *Geschichte des Pferdes* des polnischen Grafen von Hutten-Czapski über die Karpatenpferde: „Die außerordentliche Vertraulichkeit mit dem Menschen und ihre ungewöhnliche Anhänglichkeit sind eine Wirkung der Art und Weise wie diese karpatischen Völkerschaften mit ihnen umgehen.

Der arme Bergbewohner, der natürlich keine große Herde produzieren
kann und mit allen seinen Haustieren in enger Gemeinschaft lebt, zeichnet
sich durch eine besondere Vorliebe und Sorgfalt für sein Pferdchen aus …
Es wohnt in derselben Stube mit seinem Herrn, speist von dem Tische der
Familie und ist der mit verschwenderischen Liebkosungen verzogene
Liebling aller Familienmitglieder. Das dafür empfängliche Tier vergilt die
ihm erwiesene Freundlichkeit mit gleicher Münze, ganz zart legt es sein
delikates und graziöses Köpfchen auf den Arm irgendeines der Mitglieder
der Familie, um dadurch anzudeuten, dass es Zeit sei, es aus der Hütte zu
lassen. An einen kleinen Wagen gespannt zieht es manchmal mit Hilfe des
Wirts eine schwere Last Holz zu Markte … Solche Reisen macht das Tier
ohne Zaum und Gebiss und sein Herr ohne Peitsche. Gewöhnlich geht das
Tier allein, während sein Herr hinten nach schlendert, da dieser unbeding-
tes Vertrauen zu ihm hat und weiß, dass da, wo die Richtung des Weges
zweifelhaft sein könnte, das kluge Tier den Kopf zurückbeugen und auf einen Wink mit der Hand warten werde; er weiß, dass sein Pferd an jeder gefährlichen Stelle von selbst halten und warten werde, bis er selbst heran-
gekommen und ihm über die schwierige Stelle helfe … Es ereignete sich,
dass ein Wirt einmal beim Beeren suchen in einen Abgrund stürzte und
dass er erst nach einigen Tagen leblos aufgefunden wurde. Das Pferd aber,
das an einer verzweifelten Stelle vergebens auf die Hilfe seines Herrn ge-
wartet hatte, fand man fast verschmachtet und verhungert" (Hutten-Czapski 1876, S. 352).

Während man von diesem Gebirgspferd aus den Karpaten heutzutage
kaum noch etwas weiß, hat sich das aus dem Südtiroler Alpengebiet stam-
mende Haflinger Pferd bis in die Gegenwart erhalten. Dieses außergewöhnlich hübsche Pferd, ein Goldfuchs mit einer langen, dichten, nahezu
weißen Mähne, stellt den Inbegriff des Kleinpferdes im Wirtschaftstyp dar.
Seine Haupteigenschaften sind Gesundheit, Härte, Widerstandskraft, Genügsamkeit und großes Arbeitsvermögen, was sich besonders in der im
Vergleich zur Größe überdurchschnittlichen Zugleistung ausdrückt. Erwähnt wird es zum ersten Mal in einer Topographie von Tirol und Vorarl-
berg aus dem Jahre 1847, in der von „kleinen, leichtfüßigen Pferdchen"
die Rede ist, durch die sich eine Reihe von Gemeinden besonders auszeichnen. Auch der Ort Hafling wird genannt, der einige Jahrzehnte später
dieser Rasse den Namen gab. Als gesichert gilt, dass der Haflinger eine
Blutkombination aus einem verkleinerten Typ des alpinen Kaltblutpferdes
mit orientalischen Pferden ist. Denn die Besitzer der im Etschtal häufig
vorkommenden Burgen und Schlösser hatten während der Kreuzzüge und
der Türkenkriege hinreichend Gelegenheit orientalische Pferde mitzubrin-

gen und sie auch in ihren heimischen Pferdebestand einzukreuzen. So entstand ein Kleinpferd das den gedrungenen Körperbau, die Trittsicherheit und Genügsamkeit des heimischen Landschlages mit der Härte und dem Adel des Orientalen verband. Später wurden auch Araber eingekreuzt. So wurde ein Nachkomme des aus Arabien eingeführten Vollbluttrabers El Bedavi, der eine Tiroler Stute deckte, der Stammvater aller heutigen Haflinger. Der Hengst „Folie" wurde vierjährig in die Zucht gestellt und deckte bis zu seinem Tode im Alter von 24 Jahren. Fast zwanzigjährig errang er im Jahre 1893 auf der Landesausstellung in Innsbruck den ersten Preis, was seine Qualitäten nochmals unterstrich. Die Arbeitsleistung seiner Nachkommen im Gebirge war und ist zum Teil bis heute unersetzlich. Haflinger schleppten schwere Lasten auf gefährlichen Gebirgspfaden, wobei sie immer außen an der Kante des Pfades, dicht am Abgrund gingen, um Last oder Reiter nicht an der Felswand zu scheuern. Überall dort, wo Fahrzeuge nicht eingesetzt werden konnten, waren sie unermüdlich tätig. Während die Motorisierung in der Landwirtschaft sonst zu einem starken Absinken der Pferdebestände führte, stieg die Anzahl dieser kleinen Gebirgspferde auf Grund dieser Sonderleistung. Das galt auch für den Einsatz der Haflinger im Zweiten Weltkrieg. Denn die deutschen Militärbehörden sorgten dafür, dass die Zucht von Haflingern für die Gebirgstruppen mit allen Mitteln gefördert wurde.

Ganz anders war dagegen die Lebens- und Arbeitsweise des Grubenpferdes. Vom neunzehnten Jahrhundert an wurden Ponys und andere kleine Pferdearten in fast allen Kohlebergwerken Europas eingesetzt, nachdem die vertikalen Schächte durch horizontale Stollen ergänzt worden waren, auf denen die Pferde zu den Kohlenflözen laufen konnten. Grubenponys gab es in Großbritannien sogar noch bis zum Jahre 1972, als die letzten fünf in den Ruhestand versetzt wurden (vgl. Edwards 1988, S. 171). Was in einem Lebewesen vorgehen mochte, dessen Vorfahren in der Steppe oder im freien Bergland gelebt hatten, das aber nun zu einer schweren und eintönigen Arbeit in ewiger Dunkelheit verdammt war, hat niemand besser und realistischer am Beispiel eines alternden Grubenhengstes geschildert als der französische Dichter Emile Zola: „Seit zehn Jahren lebte er in diesem Loch, nahm denselben Winkel im Stall ein und durchwanderte täglich dieselben dunklen Gänge ohne das Tageslicht wieder gesehen zu haben. Er war sehr gut genährt, hatte ein glänzendes Fell und ein gutmütiges Aussehen; er schien dem Elend da droben entrückt, hier das Leben eines Weisen zu führen. Übrigens war er in dem Dunkel sehr schlau geworden, die Gänge, in denen er arbeitete wurden ihm schließlich so vertraut, dass er die Lufttüren mit dem Kopfe aufstieß und an niedrigen Stellen sich bückte, um nicht anzustoßen. Zweifellos zählte er auch seine Touren, denn sobald er die gewöhnliche Anzahl derselben zurückgelegt hatte, sträubte er sich, noch weiter zu gehen, und man musste ihn zu seiner Krippe zurückführen. Jetzt kam das Alter, und seine Katzenaugen hatten häufig einen melancholischen Schimmer. Vielleicht tauchte in seinen stillen Träumereien vor ihm das Bild einer am Flussufer inmitten von grünen Bäumen gelegenen Mühle auf, in der er geboren war. Etwas glühte in der Luft, eine Art riesiger Lampe, worauf sich sein Tiergedächtnis nicht mehr genau besinnen konnte, und er blieb mit gesenktem Kopf zitternd auf seinen alten Beinen stehen und machte vergebliche Anstrengungen, sich an die Sonne zu erinnern." Dieses alte Grubenpferd hatte sich mit seinem Schicksal abgefunden. Das war jedoch nicht bei allen Pferden so, die zu diesem Dienst im finsteren Inneren der Erde gezwungen wurden. Es kam zuweilen vor, dass ein Pferd, das im Förderschacht herabgelassen wurde, so von Furcht ergriffen wurde, dass es tot in der Grube ankam: „Oben wurde es in ein großes Netz gehängt, in dem es verzweifelt um sich schlug; sobald es merkte, dass der Boden unter seinen Füßen entschwand, war es wie erstarrt, ein Zittern ging durch seinen Körper, seine weit aufgerissenen Augen blickten starr vor sich hin. Das Tier, das man jetzt herab beförderte war zu stark um zwischen den Leitpfosten durchzukommen; man hatte daher, als man es in das Netz unter dem Aufzug brachte, seinen Kopf an die Seite binden müssen. Die Einfahrt dauerte fast drei Minuten … Endlich wurde es sichtbar und kam regungslos wie ein Stein, mit vor Angst starren Blicken an und wurde wie eine leblose Masse auf den Steinboden niedergelassen. Der alte Grubenhengst kam nah heran, reckte den Hals und beschnupperte den aus der Oberwelt herabgefallenen Kameraden … Er fand da wahrscheinlich den guten Geruch der frischen Luft, den längst vergessenen Duft der von der Sonne beschienenen Kräuter und brach plötzlich in lautes Gewieher aus. Das war ein Willkommgruß, die Freude über längst Vergangenes, von dem ein Hauch zu ihm drang, und der Ausdruck der Trauer um den neuen Gefangenen, der lebend nicht mehr ans Tageslicht kommen sollte" (Zola, Germinal, S. 54).

Das Treidelpferd

Während man in den Gruben möglichst kleine Pferde und in der Landwirtschaft möglichst große und schwere Pferde eingesetzt hatte, wurde zum Treideln, dem Ziehen schwerer Schleppkähne in den Kanälen, nie eine spezielle Pferderasse oder ein bestimmter Pferdeschlag verwendet, obwohl nur wenige andere Pferde eine Aufgabe hatten, die so hohe Ansprüche an sie stellte und ihnen so viel Intelligenz und Vielseitigkeit abverlangte. Treidelpferde gab es bereits im frühen achtzehnten Jahrhundert, vor allem in Großbritannien, wo man ein Netz von Wasserstraßen angelegt hatte. Zu diesem Netz gehörte auch die Themse, auf der Schleppkähne mit einer Zuladung bis zu 200 Tonnen entweder von vierzehn Pferden flussaufwärts gezogen wurden oder von achtzig Männern, die jedoch die Kähne wesentlich langsamer als die Pferde vorwärtsbewegten.

Auf den Kanälen mussten die Pferde zwar nur geringere Lasten von 50 bis 60 Tonnen schleppen, aber die Hindernisse und Gefahren waren sehr groß. Die Treidelpfade waren zwar zumeist geschottert, doch an den kleineren Wasserwegen häufig schlammig und in schlechtem Zustand. Außerdem gab es auf ihnen Tore und Zaunübertritte in Grenzzäunen, die bis ans Wasser heranreichten. Die Pferde waren darauf trainiert, Hindernisse wie diese Übertritte, die bis zu 90 Zentimeter hoch sein konnten, zu überspringen. Wenn sie über eine solche Höhe aus tiefem Morast oder von einem glitschigen, aufgewühlten Untergrund springen mussten, verletzten sie sich öfters dabei, wenn sie mit dem Zugseil hängen blieben. Außerdem mussten die Treidelpferde lernen, sich mit den Brücken und den Tunnels zurechtzufinden. Wenn der Treidelpfad am anderen Ufer weiterführte, mussten die Pferde den Kanal auf gewölbten Brücken überqueren. Wo es keine Brücken gab, wurden die Pferde übergesetzt, entweder mit einem eigenen Boot oder mit einer Pferdefähre. Manchmal musste das Treidelpferd auch von einer Anlegestelle in ein schwimmendes Boot springen und auf der anderen Seite wieder heraus – eine Aktion, die sowohl Beweglichkeit als auch Intelligenz von ihm forderte. Das Leben der Treidelpferde war voll von solchen Gefahren (vgl. Edwards 1988, S. 174). Das betraf auch die niedrigen Tunnel, von denen es in Großbritannien 45 gab, die regelmäßig benutzt wurden und bis zu 1,6 Kilometer lang waren. In manchen gab es Treidelpfade, doch wo keine vorhanden waren, wurden die Pferde von Kindern über den Tunnel hinweg geführt oder mussten, was ebenso oft der Fall war, selbst ihren Weg ans andere Ende finden. Inzwischen stakte die Besatzung das Boot durch den Tunnel oder, wenn dieser besonders niedrig war, legte sich die Besatzung mit den Rücken auf Bretter, die quer über den Bug gelegt wurden, und bewegte das Boot voran, indem sie sich mit den Füßen von der Tunnelwand abstieß.

Dass ein Pferd ins Wasser fiel, kam auch manchmal vor. Meistens war die Ursache ein Verhaken der Zugleine oder ein überholendes Pferd, das sich vorbeidrängte. Wenn ein Pferd ins Wasser fiel, musste ihm der Bootsmann sofort nachspringen, um es vom Geschirr zu befreien und es an eine seichte Stelle oder ans Ufer zu führen. Doch die meisten Pferde waren klug genug, solche Unfälle zu vermeiden, was man von den Menschen nicht immer behaupten konnte. Als die Pferde auf den Kanälen um die Mitte des vorigen Jahrhunderts durch Traktoren ersetzt wurden, führte der mangelnde „Pferdeverstand" der Fahrer oft dazu, dass sie ins Wasser gezogen wurden. Der Übergang zur Motorisierung des Kanalverkehres vollzog sich aber nur allmählich. Denn die frühen Motoren waren nicht sehr verlässlich und nahmen den Platz von mehreren Tonnen wertvoller Fracht ein. An den Betriebskosten änderte sich kaum etwas, und Motorkähne waren auch nicht viel schneller als die von Pferden gezogenen Schleppkähne. Allerdings konnten die Motoren die Nacht durcharbeiten, während ein Pferd Ruhe brauchte. Obwohl die Arbeit hart und strapaziös war, sind einige Treidelpferde doch sehr alt geworden. Den Rekord für die Langlebigkeit eines Pferdes hält nachweislich ein Treidelpferd aus Blackburn, das auf den Namen Billy hörte und 1972 im erstaunlichen Alter von 63 Jahren starb (vgl. Edwards 1988, S. 175).

Eisenbahn- und Straßenbahnpferde

Noch vor Beginn des Zweiten Weltkrieges war jede Großstadt, jedes Städtchen und jedes Dorf voll von Pferden, die Lieferwagen, Abfallkarren, Droschken, ein- und zweiachsige Kutschen, Feuerwehrspritzen und Krankenwagen zogen. Im Lauf eines Jahres starben in den Straßen der Großstädte mehrere Tausende von ihnen, nicht zuletzt durch brutale Misshandlungen, wie ein Leitartikel des in New York erscheinenden *Independent* vom 23. Februar 1914 beweist: „Die vereiste mit einer dicken Schicht Pulverschnee bedeckte Straße ist blockiert von Fahrzeugen, so dass sie aussieht wie ein Gebirgsbach voller verkeilter Baumstämme. Dadurch strampeln sich die Pferde ab, strengen sich aufs Äußerste an, winden sich hin und her, werfen die Köpfe, mit schäumenden Mäulern wegen der am Gebiss reißenden Hände, die Haut über ihren Flanken bebend unter den wiederholten Schlägen der Peitschenschnur in den Händen des wütenden Kutschers. Die Tiere tun meist ihr Bestes, um die blockierten Räder zum Rollen zu bringen, doch dort ist eines, das aufgegeben hat und auf der Seite liegt, lieber auf dem weichen Schnee stirbt, als sich weiter abzumühen. Da ist noch eines, dessen Beine in entgegengesetzter Richtung ausgerutscht sind, so dass es nun hilflos mit weit gespreizten Gliedern dasteht. Und dort ist ein Pferd, ein schmuckes, hochgezüchtetes Geschöpf, das endgültig zu Boden gegangen ist, offensichtlich mit einem gebrochenen Bein. Es ist wie gesagt ein erfreulicher Anblick, relativ gesehen, denn es liegen nur drei Pferde am Boden, und insgesamt sind nicht mehr als ein Dutzend auf der Straße. Vor einigen Jahren hätten wir vielleicht noch fünfzig Pferde im Schnee sich abmühen und quälen sehen." Am schlimmsten aber erging es den abgeschobenen alten und verbrauchten Pferden, die von den kleinen Händlern billig gekauft wurden und sich vor einen meist überladenen Karren gespannt zu Tode schuften mussten.

Die Lage verbesserte sich auch dann nicht, als die Pferde die Zugkräfte von öffentlichen Verkehrsmitteln, wie Straßen- und Eisenbahnen wurden. Bevor es diese von Pferden gezogenen Schienenfahrzeuge gab, sorgten Omnibusse, große geräumige, ebenfalls von Pferden gezogene Wagen, die meist auch auf dem Dach einige unbedeckte Sitzplätze hatten, für den regelmäßigen Ortsverkehr. Der Anfang dieser Einrichtung wurde in den Jahren 1823–27 in Paris gemacht, von wo aus sie sich in vielen Städten Europas verbreitete. Das Omnibusgeschäft blühte vor allem in London. Dort verkehrten im Jahre 1839 62 Busse; 1850 waren es 1 300 und vierzig Jahre später 2 210. Die Omnibusgesellschaften hatten elftausend Angestellte und ungefähr doppelt so viele Pferde. Der größte Betreiber von pferdegezogenen Omnibussen war jedoch die von den Franzosen eingerichtete Compagnie Générale des Omnibus de Londres, die ihren Namen erst 1862 in London General Omnibus Company änderte. Zu jedem Omnibus gehörten elf Pferde, und jedes Pferd musste dreieinhalb Stunden am Tag arbeiten. Es war eine äußerst harte Arbeit, bei der zwei von drei Pferden im Dienst starben. Nach Schätzung eines zeitgenössischen Schriftstellers (Gordon 1893) saßen im Durchschnitt 14 Passagiere in einem Omnibus, in den 26 Personen hineinpassten. Wenn man von 14 Fahrgästen und einem Fahrzeuggewicht von 1,5 Tonnen ausgeht, betrug die Last, welche die Pferde bewegen mussten, 2,5 Tonnen. Die Durchschnittsgeschwindigkeit in einem von zwei Pferden gezogenen Omnibus lag bei acht Stundenkilometern. Wenn der Bus voll besetzt war, was sicher gelegentlich vorkam, erhöhte sich die Gesamtlast einschließlich Fahrer und Schaffner auf 3,25 Tonnen. Hinzu kam noch das in den meisten Städten Europas verbreitete Kopfsteinpflaster, das sowohl Passagiere als auch Pferde über Gebühr strapazierte.

Eine wesentliche Erleichterung für die Passagiere brachten erst die sanft auf Schienen rollenden Pferdestraßenbahnen. Aber nicht für die Pferde: „Die Straßenbahn sollte die Pferde schonen; es galt als erwiesen, dass die Benutzung von Schienen den Reibungswiderstand verringert und damit die Arbeit der Pferde erleichtert. Doch da eine Gesellschaft nicht davon leben kann, den Pferden die Arbeit leicht zu machen, wurde sogleich vorgeschlagen, das Gewicht der Fahrzeuge zu erhöhen, damit auch die Aktionäre Vorteil daraus ziehen könnten. Das hatte zur Folge, dass die armen Pferde jetzt noch um 20 Prozent schlechter daran sind als vor der Erfindung der Schienen" (Gordon 1893, zit. nach Edwards 1988, S. 182). Eine Straßenbahn in Gang zu bringen, war wegen des erhöhten Gewichts für die Pferde schwerer, als es bei den Omnibussen der Fall war. Ein von zwei Pferden gezogener Wagen wog vollbesetzt 5,5 Tonnen. Daher waren die Straßenbahnpferde schneller verbraucht als die Omnibuspferde. Sie hielten meist nur etwa ein Jahr weniger durch. Sowohl die Omnibus- als auch die Straßenbahnpferde erlitten durch das ständige Anhalten und wieder Anziehen Verletzungen an den Gelenken, Bändern und Sehnen.

Etwas besser erging es den Eisenbahnpferden. Die ersten Eisenbahnpferde zogen Fracht und Passagiere über kurze und mittlere Strecken in Kutschen, die auf Schienen liefen. In Österreich gab es eine Pferdebahn, die auf einer langen Strecke verkehrte, nämlich zwischen Linz in Oberösterreich und Budweis in Böhmen. Mit dieser Bahn wurde vor allem Salz aus dem Salzkammergut nach Böhmen befördert. Vor der Einführung dieser Bahnverbindung, die auch Passagiere beförderte, musste das Salz über schwieriges Gelände entweder von Männern oder von Packpferden getragen werden. Die Strecke zwischen Linz und Budweis wurde am 21. Juli 1832 von Kaiser Franz I. eröffnet, der mit seiner Gemahlin in einem prachtvollen Staatslandauer mit für Schienen geeigneten Eisenrädern und einem livrierten Kutscher auf dem Bock von Urfahr nach Sankt Magdalena reiste. Die Gesamtlänge der Strecke betrug 200 Kilometer, und in ihrer Blütezeit beförderte diese Pferdebahn jährlich 150 000 Passagiere sowie 100 000 Tonnen Fracht, davon mehr als die Hälfte Salz. Die Reise dauerte 14 Stunden, und die später eröffnete Anschlusslinie von Linz nach Gmunden nahm weitere sechs Stunden in Anspruch. Die Bahn fuhr vierzig Jahre lang, erst 1872 wurde der Betrieb eingestellt.

Bereits 1825 eröffnete George Stephenson (1781–1848) in England die erste dampfgetriebene Eisenbahn, die über eine 39 Kilometer lange Strecke Passagiere beförderte. Sie war aber zunächst noch keine große Konkurrenz für die Pferdeeisenbahn, wie das Beispiel der noch sieben Jahre später eröffneten von Pferden gezogenen österreichischen Bahn zwischen Linz und Budweis zeigt. In ihren ersten Anfängen waren die dampfgetriebenen Lokomotiven weder viel schneller, noch waren sie besonders betriebssicher, wie ein im Jahre 1830 stattgefundenes Wettrennen zwischen der Lokomotive „Tom Thumb" des New Yorker Erfinders Peter Cooper und einem Pferd zeigte. Lange Zeit war es ein Kopf-an-Kopf-Rennen. Dann aber rutschte der Antriebsriemen des Gebläses ab. Der Dampfdruck sank – und das Pferd gewann (vgl. Gleß 1986, S. 110). Doch der Siegeszug der Dampfmaschinen war nicht mehr aufzuhalten. In wenigen Jahrzehnten eroberten sie nicht nur ganz Europa, sondern auch Amerika und die übrige Welt. Die dampfgetriebenen Eisenbahnen beendeten zwar das glänzende Zeitalter der Postkutschen, aber nicht das Elend der Arbeitspferde. Güter und Rohmaterialien mussten zu den Endstationen gebracht oder von dort aus weiterbefördert werden, ebenso die Passagiere. Die gesamte Versorgung der Stadtbevölkerung mit Nahrungsmitteln hing daher noch weiterhin vom Einsatz der Pferde ab. Deshalb waren es auch die Eisenbahngesellschaften, die über ein Jahrhundert lang die größte Zahl von Pferden besaßen und einsetzten. Die meisten der Eisenbahnpferde arbeiteten im Fuhrdienst und in der Auslieferung. Sie wurden für Schwertransporte eingesetzt, zum Beispiel zur Beförderung von Heizkesseln, schweren Maschinen und dergleichen. Auch zum Rangieren von Waggons wurden schwere Kaltblüter benutzt. Denn sie waren billiger als Dampfmaschinen, einfacher zu handhaben und leistungsfähiger. Die Pferde der Eisenbahngesellschaften wurden zwar ausgezeichnet von eigenen Tierärzte und manchmal sogar in eigenen Tierkliniken versorgt; sie arbeiteten aber meist nicht sehr lange, weil das ständige Anziehen schwerer Ladungen ihre Beine übermäßig belastete. Außerdem mussten sie stets auf den unnachgiebigen Straßenoberflächen laufen, was zu einem starken Verschleiß von Hufen und Gelenken führte. Pferde, die schwere Lasten in dichtem Verkehr zogen und immer wieder anhalten und neu anziehen mussten, hielten etwa vier Jahre durch, bevor sie diensttauglich wurden. Tiere, die außerhalb der Städte leichtere Ladungen zu ziehen hatten, blieben dagegen doppelt so lange einsatzfähig (vgl. Edwards 1988, S. 180).

Das Ende des Wirtschaftspferdes kam erst nach dem Zweiten Weltkrieg, der Millionen von Pferden das Leben gekostet hatte, zu einer Zeit, in der bereits die totale Motorisierung mit Hilfe der Benzinmotoren sowohl im Verkehr als auch in der Landwirtschaft eingesetzt hatte. Es war kein Zufall, dass die Autoproduktion gerade zu jener Zeit die Millionengrenze pro Jahr überschritten hatte, als der Pferdebestand seinen schnellen Abstieg begann. Die Tage der Arbeitspferde scheinen daher zumindest in den hoch technisierten Industrieländern gezählt zu sein. Für sie war die Erfindung des Verbrennungsmotors eine Erlösung.

13. Das Pferd in Sport und Freizeit

Die Gemeinschaft von Pferd und Mensch, die vor vier- oder fünftausend Jahren begann, ist aber noch nicht zu Ende. An die Stelle des Kriegs- und Arbeitspferdes ist das Rennpferd und das Freizeitpferd getreten. Während die Zukunft des Freizeitpferdes im Vergleich zu den oft zu Tode geschundenen Arbeitspferden rosig ist, war und ist bis heute das Los der im Sport eingesetzten Rennpferde keineswegs immer erfreulich. Ehrgeiz, Habsucht und Geldgier des Menschen bereiten auch in diesem Bereich den Pferden oft Qualen und manchmal auch den Tod.

Das Rennpferd

Rennpferde hat es schon immer in der Geschichte der Menschheit gegeben. Rennen entspricht ja auch der natürlichen Veranlagung des flüchtigen Steppentieres und braucht ihm nicht erst mühsam antrainiert zu werden. Der angebliche Ehrgeiz des Pferdes ist ursprünglich nur der Ausdruck des uralten Triebes, bei der Flucht der Gefahr am schnellsten zu entgehen. Das konnte man schon bei einem Pferderennen im alten Griechenland sehen. An einer der Olympiaden nahm ein gewisser Pheidolas aus Korinth teil. Seine Stute Aura (Lufthauch) warf ihn gleich zu Beginn des Rennens ab, setzte aber allein das Rennen unbeirrt fort. Als sie das Trompetensignal zur letzten Runde hörte, beschleunigte sie ihr Tempo so sehr, dass sie als Erste durchs Ziel ging. Allerdings machte sie dann etwas, was weit über den natürlichen Trieb eines Fluchttieres hinausging: Sie stellte sich selbst auf den Ehrenplatz vor die Richter. Ihr wurde auch tatsächlich der Sieg zuerkannt, und sie wurde durch eine Statue geehrt, die im Heiligen Hain neben denen anderer Siegerpferde ihren Platz bekam. Ein weiteres Beispiel für die wettkampfmäßige Rennlust der Pferde ist das in der Neuzeit im römischen Karneval stattfindende Rennen der Pferde ohne Reiter, dem Madame de Staël in ihrem Roman *Corinna oder Italien* ein literarisches Denkmal gesetzt hat: „Die Pferde werden hinter einer Schranke aufgestellt und die Ungeduld, welche diese Tiere zeigen und der Eifer, mit dem sie die Schranke überspringen, sobald mit der Trompete das Signal ertönt, ist unbeschreiblich. Sie sind so eifersüchtig aufeinander, als ob sie Menschen und keine Tiere wären. Endlich losgelassen, sprühen Funken unter ihren Hufen und die Leidenschaft und Gier, den Rivalen zu schlagen, ist so maßlos und blind, dass nicht selten eines oder das andere Pferd am Ziel tot zusammenbricht" (de Staël 9, 1).

Noch höher im Ansehen als die gerittenen Pferderennen standen im alten Griechenland und Rom die Wagenrennen. Die ersten Rennen dieser Art fanden 680 v. Chr. bei den fünfundzwanzigsten Olympischen Spielen statt. Sie setzten sich über Jahrhunderte fort und wurden auch von den Römern übernommen. In Rom beteiligten sich auch die Kaiser an solchen Wettkämpfen, wobei jedoch auf Fairness nicht immer geachtet worden ist. So nahm der wegen seiner Ruhmsucht berüchtigte Kaiser Nero im Jahre 67 n. Chr. mit einem Zehngespann an der 211. Olympiade teil. Mitten im Rennen wurde er aber aus dem Wagen geschleudert und wäre von den Pferden beinahe zerstampft worden. Die mit Recht vorsichtigen Mitbewerber zügelten jedoch ihren Ehrgeiz und das Tempo ihrer Pferde und ließen den ehrgeizigen Kaiser an sich vorbeiziehen. Auch die Richter zögerten schließlich nicht, dem ebenso mächtigen wie rachsüchtigen Mann den Siegeskranz zuzuerkennen. In der römischen Kaiserzeit bildeten sich bei den öffentlich im Zirkus abgehaltenen Wagenrennen Parteien, die durch verschiedene Farben gekennzeichnet waren und sich mit immer größerer Brutalität bekriegten. Der Höhepunkt dieser Entwicklung wurde jedoch im alten Byzanz erreicht. Dort wurden zur Zeit Konstantins Pferde aus allen Teilen der damals bekannten Welt für das Wagenrennen herangezogen. Kaiserliche Boten durcheilten unaufhörlich die Länder, die durch Pferdezucht berühmt waren, wie Kappadozien, Phrygien, Numidien und Spanien und kauften dort die durch Gangart, Eigenschaften und Bau ausgezeichnetsten Pferde. Und unter der Hand der geschicktesten Ross- und Wagenlenker der Numidier, Slawen, Araber und Germanen zerstampften sie dann den Sand des prachtvoll errichteten Hippodroms. Die Sieger im Wagenrennen hatten wie die Senatoren die Ehre, an der kaiserlichen Tafel zu sitzen. Die Pferde selbst waren dabei nur die Nebensache. Es war vielmehr der leidenschaftliche Sinn für Luxus, für Klubwesen und Intrige, der zahllose Scharen von Menschen zur Rennbahn zog. Die Rivalität der Farben des römischen Hippodroms gestaltete sich in der neuen Kaiserstadt zu einem politischen Fraktionswesen und artete in Raufereien, Revolten und Morden aus. Sogar der häusliche Friede geriet dadurch ins Schwanken. Denn obwohl sich die Frauen nicht bei den Wagenrennen öffentlich zeigten, nahmen sie doch tätigen Anteil an den Intrigen der Fraktionen. Die vier Farben des römischen Hippodroms reduzierten sich in Byzanz auf nur zwei: die blaue und die grüne. Die Verringerung der Zahl der Parteien potenzierte die Energie des Hasses. Im Jahre 445 schlugen die wütenden Zirkus-Fraktionen in den Schranken des Hippodroms blutige Schlachten, denen zahlreiche unbeteiligte Zuschauer zum Opfer fielen. Solche Ereignisse nahmen im Jahre 582 den Charakter und Umfang von Revolutionen an. Die Stadt triefte vor Blut und Feuersbrünste vergrößerten das Zerstörungswerk. Nach diesen Vorfällen wurde der Zirkus zwar auf fünfzehn Jahre geschlossen, aber als man ihn dann wieder eröffnete, waren es erneut die Zirkus-Fraktionen, die bis zum Untergange des Reiches einen hervorragenden Einfluss auf die Geschicke des Kaisertums ausübten. Diese glänzenden Wagenrennen, die infolge der daraus entstandenen Rivalität der politisch motivierten Fraktionen so viel Blut gekostet, so viele Fürsten vom Thron gestürzt und so viel andere erhoben hatten, sind jedoch, was die Pferdezucht und Reitkunst betrifft, spurlos vorübergegangen und haben nichts für den Fortschritt auf diesem Gebiet geleistet (vgl. Hutten-Czapski 1876, S. 132 f.).

Dagegen brachte in der Neuzeit das Land des eigentlichen Rennsportes, England, ein Pferd hervor, dass eine ähnliche Berühmtheit erhielt, wie das reinrassige Araberpferd: das englische Vollblut. Von ihm schreibt Thomas Bewick (1753–1828) in seiner durch seine wirklichkeitsgetreuen Holzschnitt-Illustrationen (vgl. Abb. 21) berühmten *General History of Qua-*

Abb. 21: Das Englische Rennpferd (aus Bewick 1811)

drupeds: „Durch die große Aufmerksamkeit bei der Vervollkommnung dieses edlen Tieres und durch eine wohlüberlegte Mischung mehrerer Rassen, sowie durch ein hervorragendes Geschick in seiner Behandlung übertrifft das Englische Rennpferd (English Race Horse) anerkanntermaßen dasjenige des Restes von Europa oder sogar der ganzen Welt. Was die Ausdauer bei extremer Anstrengung betrifft, ist es dem Araber, dem Berber oder dem persischen Pferd überlegen und was die Schnelligkeit anbelangt, da gibt es sich keinem geschlagen" (Bewick 1811, S. 6 f.).

Das englische Vollblut verdankt seine Entstehung vor allem der Einsicht, dass selektive Kreuzungen in Bezug auf Größe und Körperbau allein nicht dazu führen, Pferde hervorzubringen, die hinsichtlich ihrer Schnelligkeit und Ausdauer alle Vorgänger in den Schatten stellen, sondern dass der eigentliche Auslesefaktor die Prüfung auf der Rennbahn sein muss. Die Bezeichnung „Vollblut" (full blood) hat nichts mit der Blutbeschaffenheit zu tun, ebenso wenig wie die Unterscheidung von Warm- und Kaltblut mit der Temperatur des Blutes etwas zu tun hat. Während die letztere Unterscheidung sich auf den Unterschied des Temperaments zwischen den phlegmatischen Pferden der nördlichen Regionen und den feurigen Pferden aus den heißen Wüstenzonen des Südens bezieht, ist die Bezeichnung „Vollblut" auf den englischen Ausdruck „thoroughbred" zurückzuführen, was bedeutet „durch und durch gezüchtet". Diese Bezeichnung tauchte zum ersten Mal in einer Rennzeitung, dem *Sporting Magazine* von 1806, auf und ist auf das bereits 1791 von James Weatherby begonnene *General Stud Book* zurückzuführen, in dem es in der Einleitung zu den späteren Bänden heißt: „In das Gestütsbuch wurden seither nur noch Pferde eingetragen, die ausschließlich – ohne den geringsten dunklen Punkt in der Ahnentafel – von den schon dort verzeichneten Hengsten und Stuten abstammten" (zit. nach Dechamps 1957, S. 111). Diese Genealogie der Pferde reinen Bluts, die in diesem Buch verzeichnet sind, reicht bis zu den orientalischen Typen zurück, die zu unterschiedlichen Zeiten nach England importiert wurden. Aus ihnen ragten vor allem drei Namen heraus: Byerley Türk, Darley Arabian und Godolphin Arabian. Da sich ihre türkischen und arabischen Besitzer von ihren wertvollen Hengsten nicht trennen wollten, konnten diese Pferde nur auf sehr abenteuerliche Weise nach England gelangen. Der Erste wurde 1683 von Captain Robert Byerley, einem Mitglied des Entsatzheeres bei der Belagerung von Wien, von den Türken erbeutet und im Jahre 1686 nach England gebracht, wo er nach mehreren Jahren des Kriegsdienstes unter seinem neuen Herrn als Deckhengst den Grundstein für eine der großartigsten Vollblutdynastien legte. Den Zweiten hatte der britische Konsul in Aleppo, Thomas Darley, von einem Scheich namens Mirza erworben. Der Konsul musste aber nach Entrichtung des hohen Preises erfahren, dass es bei Todesstrafe verboten sei, das Pferd aus dem Lager zu entfernen. Daraufhin überwältigte er eines Nachts mit Hilfe der Besatzung eines englischen Kriegsschiffes die Wachen und brachte den Hengst an Bord, um diesen dann nach England zu seinem Bruder in Yorkshire bringen zu können. Dort angekommen wurde er zum Stammvater der beiden berühmtesten Rennpferde der Welt: Flying Childers und Eclipse. Die Geschichte des dritten Stammvaters der englischen Vollblutdynastien Godolphin Arabian ist dunkel und verworren. Schon sein Geburtsort ist strittig. Die einen verlegen ihn in den Jemen die anderen halten ihn für einen nordafrikanischen Berber. Fest steht, dass er nach Europa als ein Geschenk des Bey von Tunis an Ludwig XV. von Frankreich kam. Er war jedoch von der beschwerlichen Reise so arg mitgenommen, dass er bald an einen Wasserverkäufer abgegeben wurde und von da an dessen Karren in den Straßen von Paris ziehen musste. Dabei fiel er dem englischen Züchter Edward Coke auf, der den heruntergekommenen Karrengaul sofort kaufte und im Jahre 1729 nach England brachte. Vor seinem Tode vermachte Coke den Hengst dem Kaffeesieder Roger Williams, von dem ihn schließlich der Earl of Godolphin erwarb, der ihm auch seinen Namen gab. Zuerst wurde er angeblich nur als „Probierhengst" eingesetzt, um festzustellen, ob eine Stute rossig war, bis er sich schließlich selbst die Paarung mit der Stute Roxana erkämpfte, in dem er den eigentlichen Deckhengst zu Tode biss. Er begründete damit ebenfalls eine eigene Linie vollblütiger Rennpferde. Godolphin starb 1753 dreißig Jahre alt mit dem Ruf einer der ausgezeichnetsten Pferdetypen gewesen zu sein, die England je besessen hatte. Bekannt war seine Anhänglichkeit für eine Katze, welche unzertrennlich mit ihm in demselben Verschlag lebte. Seine Enkelin Spiletta war es auch, die mütterlicherseits das unschlagbare Rennpferd Eclipse hervorbrachte.

Bevor jedoch dieses berühmte Pferd zu solchem Ruhm kam, lieferte das Pferd eines üblen Wegelagerers den Beweis, dass die wiederholten Einkreuzungen von Arabern in die englischen Pferde nicht nur die Schnelligkeit, sondern auch die Ausdauer erhöhten. Dick Turpin, einer jener Wegelagerer, die im damaligen England weit verbreitet waren, hatte 1737 eine Stute aus einer Kreuzung zwischen einem arabischen Hengst und einer Vollblutstute, genannt Black Bess, bekommen. Sie war schwarz wie ein Rabe und zeichnete sich bei einem herrlichen Körperbau durch eine so fabelhafte Schnelligkeit im Laufen aus, dass sie Turpin oft, wenn er wegen eines frisch ausgeführten Raubs verfolgt wurde, ein einwandfreies Alibi verschaffen konnte. Denn er wurde fast gleichzeitig in einem so weit vom

Ort des Verbrechens entfernten Orten gesehen, dass man die Möglichkeit eines so schnellen Rittes nicht annehmen konnte. Als er sich eines Tages auf seinen Raubzügen in London aufhielt, wurde er aber verraten: „Ein Polizeibeamter und zwei Gendarmen, alle gut beritten, kommen an den bezeichneten Ort. Turpin, der sie ankommen sieht, entfernt sich durch eine Seitentür auf den Hof und schwingt sich auf seine schwarze Stute. Man jagt ihm nach, in der Hoffnung ihn bald einzuholen, da man wusste, dass seine Stute den Tag vorher eine sehr starke Tour gemacht hatte. Es war sieben Uhr Abends und um sechs Uhr des Morgens war Turpin in York, etwa fünfundzwanzig Meilen von London. Seine Stute brach zwar in den Toren der Stadt zusammen, aber sie hatte ihren Herrn gerettet, den seine Verfolger auf sieben bis acht Mal gewechselten Pferden einzuholen nicht im Stande gewesen waren. Während des ganzen Laufs von elf Stunden hatte Black Bess nichts gefressen und obwohl sie schließlich stürzte, wurde ihre Tat in England doch für etwas Außerordentliches gehalten" (Hutten-Czapski 1876, S. 559).

Außerordentlich waren auch die Leistungen jenes Pferdes, das noch vor dem Auftreten von Eclipse alle Rennen gewann. Der im Jahre 1715 geborene Nachkomme von Darley Arabian Flying Childers trat nach damaliger Sitte erst im sechsten Jahre seines Lebens zu seinem ersten Rennen an. Aber schon bald nachdem er auf der Rennbahn in die Schranken getreten war, musste er damit aufhören, denn er war von so rasender Schnelligkeit, dass niemand mehr gegen ihn zu rennen wagte. Er war hoch von Wuchs, sein Bau war von großer Schönheit, seine Glieder fest wie Stahl. Unzweifelhafte Dokumente beweisen, dass Flying Childers 14,25 Meter in der Sekunde also fast 52 Kilometer in der Stunde mit einem Gewicht von 133 Pfund zurücklegte. Noch berühmter sollte jedoch Eclipse werden. Dieser Hengst bekam seinen Namen deshalb, weil er am Tage einer Sonnenfinsternis, am ersten April 1764, geboren wurde. Er war von mittlerer Größe, aber von außerordentlicher Kraft in den Beinen. Am dritten Mai 1769 trat er im Alter von fünf Jahren zum ersten Mal im Hippodrom zu Epson gegen vier Pferde an. Schon beim zweiten Umkreisen der Rennbahn wettete sein Besitzer Colonel O'Kelly, dass er jedes der rennenden Pferde distanzieren werde. Sein Ausspruch: „Eclipse first, and the rest nowhere!" war seit diesem ersten glänzenden Sieg in England ein gängiges Wort. Danach hatte er in der Zeit von nur anderthalb Jahren 18 Rennen gewonnen, wobei er siebenmal allein lief, weil sich kein Gegner fand, der bereit gewesen wäre, gegen ihn anzutreten. Er galoppierte, ohne je von Peitsche oder Sporn berührt worden zu sein, ohne besondere Anstrengung, egal über welche Strecke und egal mit welcher Last. Als er im Februar 1789 in seinem sechsundzwanzigsten Jahr starb, wog sein Herz dreizehn Pfund. Eine Erleichterung im wahrsten Sinn des Wortes bekamen die Rennpferde zunächst mit dem Auftreten der leichtgewichtigen Jockeys. Einer der zeitgenössischen englischen Autoren drückt sich über diesen neuen, ursprünglich von den Stallburschen sich herleitenden Berufsstand folgendermaßen aus: „Das Leben eines Jockeys ist ein Leben voller Hingebung, Gefahren, Entbehrungen und Selbstbeherrschung; der Jockey legt sich freiwillig eine Diät auf, die strenger ist, als die der Trappisten. Schweigen ist eine seiner wichtigsten Eigenschaften. Wenn ihn die eigene Natur nicht dazu aus innerstem Wesen berufen hat, so ist er unbrauchbar. Er muss klein von Wuchs, mächtig an Kraft, und nur aus Sehnen und Muskeln bestehen; seine Knie müssen deutlich im Profil hervortreten, er muss unerschrocken, gegen alle Schmähreden taub, unermüdlich, seiner selbst Herr und gegen Schmerzen unempfindlich sein. Tausendmal alljährlich setzt er sein Leben aufs Spiel, mit zerschlagenen Gliedern, leerem Magen arbeitet er sich durch die schwierigsten Übungen für die elende Summe von fünf Guineen, wenn er siegt, und für drei, wenn er geschlagen wird" (zit. nach Hutten-Czapski 1876, S. 554). Von dem Aussehen und körperlichen Zustand eines Jokeys berichtet ein anderer Zeitzeuge: „Es scheint, als ob man seine Knochen durch die durchsichtige Haut sehen könnte, er gleicht einem Skelett, das sich aufs Pferd geworfen und die Toten reiten schnell, wie Bürger sagt. Nicht Natur hat ihn so erschaffen, nur die Kunst hat ihm zu diesem Grade der vollendeten Hagerkeit verholfen. Ich habe ihn im feisten Zustande gekannt … Heut hat ihn das Fett verlassen, doch ohne ihm seine sonstigen Kräfte entzogen zu haben; was er an Gewicht verloren, hat er an Geschmeidigkeit gewonnen. Der einzige Jockey, der mit Samuel Day in Hagerkeit rivalisieren könnte, ist jener da in der roten Jacke und gelben Mütze. Seine Wangen sind eingefallen und trocken wie Pergament mit Blut unterlaufen. Zu spät engagiert musste er in vierundzwanzig Stunden fünfzehn Pfund an Gewicht verlieren. Es wird ihm schwer werden den Kampf auszuhalten" (zit. nach Hutten-Czapski 1876, S. 561).

Immer schwerer und zerstörerischer wurde trotz des Fliegengewichts der Jockeys das Rennen auch für die Pferde. Denn das leichtere Gewicht, das sie nun trugen, wurde weitgehend von der Forderung nach immer größerer Schnelligkeit ausgeglichen. Die Durchschnittsgeschwindigkeit steigerte sich bei den im 20. Jahrhundert zu wahren Rennmaschinen gewordenen Pferden auf über 60 Stundenkilometer. Eines dieser Rennpferde erzielte 1945 eine Geschwindigkeit von 69,6 km pro Stunde auf einer viertel Meile. Kürzere Distanzen wurden schon vorher mit Geschwindigkeiten bis zu 71 Stundenkilometer gelaufen. Selbst wenn immer wieder noch neue Rekorde durch Verbesserungen um Sekundenbruchteile gebrochen werden können, scheint nach Auffassung der wissenschaftlichen Pferdekenner, wie Simpson oder Morris, dies die ungefähre Grenze des physischen Leistungsvermögens für ein Rennpferd zu sein. Wie es überhaupt dazu kommt, dass Pferde derartige Leistungen im Rennsport erbringen, ist auch eine Frage der Haltung dieser so hoch spezialisierten Pferde. Wer glaubt ein Rennpferd braucht nichts so sehr wie ungehinderte Bewegung auf der Koppel, ist völlig im Irrtum. Das Gegenteil ist der Fall: „Damit sie als Rennpferde geeignet sind, müssen die Tiere auf so engem Raum gehalten werden, dass sie förmlich nach Bewegung hungern und vor Bewegungsdrang explodieren. Lässt man ihnen dann beim Rennen endlich freien Lauf, so wird all die aufgestaute Energie freigesetzt. Die Tiere stürmen in vollem Galopp los und rennen bis zur totalen Erschöpfung" (Morris 2001, S. 151). In freier Wildbahn wäre dieser Zustand totaler Erschöpfung lebensgefährlich. Kein wild lebendes Pferd könnte überleben, wenn es zeitweise außerstande wäre, vor einem Raubtier zu fliehen. Andererseits braucht ein Wildpferd niemals über die Distanz einer vollen Rennstrecke Reißaus zu nehmen. Und natürlich hat auch das schnellste Rennpferd überhaupt nicht den Ehrgeiz als Erster durch das Ziel zu kommen, wenn dies auch alte Darstellungen von Pferdewettrennen suggerieren wollen. Vielmehr muss der Reiter meist durch mehr oder weniger heftigen Einsatz der Peitsche das Pferd zwingen, sich aus dem schützenden Verband der anderen Pferde zu lösen: „Dieser zusätzliche Antrieb, der wie der Biss eines Raubtieres wirkt, gibt dem Pferd das Gefühl, der Verfolger sei ihm bereits unmittelbar auf den Fersen. In seiner Todesangst überwindet es seine Furcht vor dem unsicheren Platz an der Spitze, und rast den anderen voraus zum Sieg" (Morris 2001, S. 156). Wie die Geschichte zeigt, waren es nur wenige Pferde, die wie Eclipse ohne Peitsche als Erste das Ziel durchliefen, aus dem einfachen Grund, weil das übrige Feld nicht mithalten konnte. In solchen Fällen ist es nicht die Flucht vor einem durch den Peitschenschlag hervorgerufenen eingebildeten Raubtier, sondern die Flucht vor der Langeweile und Öde seines ihm vom Menschen aufgezwungenen unnatürlichen Lebens. Wie maßlos die Anforderungen im Rennsport sind, zeigt auch der Gesundheitszustand der Rennpferde: „Die überwiegende Mehrheit der Vollblüter leidet an Magengeschwüren, Lungenblutungen und Verletzungen, die auf zu frühen Trainingsbeginn, Zuchtwahl auf leichten Knochenbau und insbesondere Gebrauch von Schmerz unterdrückenden Mitteln zurückzuführen sind" (Pierson 2003, S. 175).

Vollblutpferde sind als Rennmaschinen entwickelt worden, und jede Linie, von der schlanken Nase bis zum wehenden Schweif, widerspiegelt dieses Zuchtziel. Die Spezialisierung auf die einzige Funktion, schnell zu sein, die auf verschiedenen Distanzen verlangt wird, hat zwar große Anmut und Schönheit hervorgerufen, sie hat aber auch Nachteile oder zumindest Versäumnisse bei der Förderung vollkommener Anpassung an andere Funktionen bewirkt. Diese Tiere neigen dazu, empfindsam, nervös und erregt zu sein. Zwar kann es kein anderes Pferd mit ihnen im Rennsport aufnehmen, für etwas anderes sind sie jedoch nicht zu gebrauchen (vgl. Simpson 1977, S. 63). Daher wandern auch jedes Jahr Tausende, die keinen Gewinn bei den Rennen einbringen, ins Schlachthaus. In den USA enden bis zu 75 Prozent aller Rennpferde so. Hinzu kommt noch, dass die hohen Gewinnsummen zu kriminellen Handlungen anreizen, die für die Tiere nicht nur schädlich, sondern auch tödlich sein können. Bereits in den Frühzeiten des englischen Reitsportes gab es derartige Vergehen. So hatte bereits im 18. Jahrhundert das Pferd Merlin eines der ersten Rennen nur deswegen gewonnen, weil sein Besitzer, ein gewisser Trompton, seinem Gegner heimlich ein sieben Pfund schweres Gewicht in die Tasche schob. Und von dem Herzog Quecembury erzählt man, dass ihm sein Jockey gesagt habe, dass ihm ein Gegner sechshundert Guineen versprochen habe, wenn er ihn nicht daran hindere zu gewinnen. Daraufhin gab der Herzog seinem Jockey selbst die Bestechungssumme, und als die Pferde zum Rennen bereitstanden, näherte er sich seinem Pferd, als ob er es nur streicheln wollte; zog dann plötzlich seinen Rock aus und schwang sich als Jockey aufs Pferd und gewann den Preis. Doch solche Intrigen sind harmlos im Vergleich zu dem, was sich heutzutage vor allem bei Versicherungsbetrügereien mit Rennpferden abspielt: „Brandstiftung im Stall, Exekution mittels anal eingeführter Elektrode, ein Brecheisen gegen ein Vorderfußwurzelgelenk" (Pierson 2003, S. 174) – all das kommt oft genug vor. Ein Pferd ist dann nicht mehr als ein Luxusgegenstand, wie ein Boot oder ein Rennauto, von dem man sich trennt, wenn es kein Vergnügen mehr bereitet.

Das Freizeitpferd

Ein Pferd nur zum Vergnügen zu unterhalten, war früher nur den wohlhabenden Bürgern vorbehalten, die sich ein Haus mit Pferdestall leisten konnten. Goethe war einer von ihnen. Er begann, wie er in „Dichtung und Wahrheit" berichtet, bereits als Sechzehnjähriger mit dem Reiten. Doch die Reitbahn mit ihren pedantischen Lehrern und Stallmeistern war ihm „höchlich zuwider." Er hatte immer den Eindruck, gegenüber den anderen

Reitschülern benachteiligt zu sein, die immer die besten Pferde bekamen, während er sich nur mit den schlechtesten begnügen musste. Auf diese Weise brachte er „die allerverdrießlichsten Stunden über einem Geschäft hin, das eigentlich das lustigste von der Welt sein sollte". Seitdem vermied er sorgfältig jede bedeckte Reitbahn, obwohl er später nach eigenen Aussagen „leidenschaftlich und verwegen zu reiten gewohnt war, auch tage- und wochenlang kaum vom Pferde kam". Selbst ein schwerer Reitunfall, bei dem er schon seinen Tod vor Augen sah, konnte ihn auf Dauer nicht von seinem Reitvergnügen abbringen, das er selbst am besten im Westöstlichen Diwan mit den Dichterworten ausdrückte: „Und ich reite froh in alle Ferne, über meiner Mütze nur die Sterne." Als ihn einmal Klopstock besuchte, war zu dessen Leidwesen fast gar nicht „von poetischen Dingen" die Rede, dafür umso mehr „vom Kunstreiten und vom Bereiten der Pferde". Trotz seiner Freude am Reiten scheint jedoch Goethe niemals ein persönliches Verhältnis zu einem seiner Pferde gewonnen zu haben – so wenig wie zu einem anderen Tier. Denn nirgendwo in seinen Briefen und Schriften wird ein Pferdename genannt oder ein bestimmtes Pferd mit dem Anzeichen einer inneren Beteiligung näher beschrieben.

Reiten zur Erholung ist heutzutage populärer als je zuvor und erstreckt sich auf weite Teile der Bevölkerung. Es ist nicht länger auf die wenigen begrenzt, die sich den Luxus leisten können einen Stall zu unterhalten, sondern ist für jedermann erschwinglich, der sich Ferien auf einem Reiterhof leisten kann. Begonnen hat diese Entwicklung nach dem Zweiten Weltkrieg, als das Kriegspferd nutzlos geworden war und das Arbeitspferd in Wirtschaft und Transportverkehr in den hoch technisierten Industrieländern durch Maschinen und motorisierte Fahrzeuge verdrängt worden war. Langsam aber stetig beginnt sich nach einem drastischen Absinken in den ersten Nachkriegsjahren die Anzahl der Pferde wieder zu steigern. Doch eines hat sich in der Beziehung von Pferd und Mensch drastisch geändert: Es waren nicht mehr die Männer, sondern die Frauen bzw. die Mädchen, die das Reiten zu einem in seiner Beliebtheit unvergleichlichen Freizeitvergnügen gemacht haben.

Verrückt nach Pferden: Mädchen und Frauen

Dass das Freizeitpferd heutzutage den Mädchen und Frauen gehört, weiß nicht nur jeder geplagte Vater, der – so wie ich – seine Töchter viele Male zu den Reiterhöfen fuhr und dort stundenlang ihren Reitkünsten zusehen musste, sondern das beweisen auch die Statistiken vor allem in jenen Län-

dern, wo Reiten seit jeher zu den beliebtesten Beschäftigungen in der Freizeit gehörte. Von den 14 000 Mitgliedern des US-amerikanischen Pony
Clubs sind vier Fünftel Mädchen. 1994 war die Mitgliederschaft der Ame-
rican Dressage Federation zu 95 Prozent weiblich; andere Reitervereini-
gungen weisen durchschnittlich 65 Prozent weibliche Mitglieder aus. Nur
22 Prozent der kanadischen Pferdebesitzer sind männlich (vgl. Pierson
2003, S. 70). Ähnliche Statistiken kann man auch im westlichen Europa
finden. Dort macht die Pferdeliebe auch vor den eigenen Familienmitglie-
dern nicht halt. Einer Umfrage zufolge, die das britische Magazin *Galopp*
vor einigen Jahren durchführte, würden drei Viertel aller befragten Pferde-
besitzerinnen sich eher von ihrem Ehemann trennen als von ihrem Pferd;
90 Prozent würden sich lieber noch ein Pferd als noch ein Baby zulegen.
Die überwiegende Mehrheit gab an, sie würden ihre Probleme ihrem Pferd
und nicht ihrem Partner erzählen. Auch die Deutsche Reiterliche Vereinigung meldet, dass in der Gruppe der unter 18-jährigen Reiter 87 Prozent
weiblich sind (vgl. Straaß/Lieckfeld 2004, S. 182).

Zumindest für Amerika kann man sogar ein genaues Datum für den ge-
sellschaftlichen Wandel angeben, an dem das Pferd den Frauen überlassen
wurde: Es war der März 1942, an dem die US-Kavallerie aufgelöst wurde.
In ihrem Buch *Horses of Today* (1964) erklärt Margaret Cabell Self, warum es gerade die Mädchen waren, welche die Ruinen des verlassenen
Schlachtfeldes des Zweiten Weltkrieges nach den übrig gebliebenen Pferden durchstreifen durften. Während die Jungen weniger Geduld hatten und
bald das Interesse verloren, war das Reiten der ideale Sport für Mädchen.
Nicht nur, dass sie oben auf einem Pferd saßen, sondern sie entdeckten
auch, dass sie mit Geduld und Ausdauer lernen konnten, ein Tier zu lenken, das weitaus größer und stärker war als sie selbst. Überdies war das
ein Sport, in dem ihr Geschlecht kein Wettbewerbsnachteil hatte (vgl.
Pierson 2003, S. 12). Einen Beweis dafür erbrachten all jene Frauen, die
an Reiterturnieren, Pferderennen und Wettkampfspielen mit Pferden seit
alters mitgemacht hatten. Abgesehen von den sagenhaften Amazonen, denen bereits antike Autoren die Existenz abgesprochen oder wie Hippokra-
tes als Fabelei (vgl. Liber de Articulis, Sect. II, 368) bezeichnet haben, gab
es eine Reihe von Frauen, die für ihre Reitkünste bekannt waren: Semira-
mis, Dido, die persische Königin Rhodogune, die Römerinnen Zenobia
und Caesonia, die Gemahlin Caligulas um nur einige zu nennen, die von
den antiken Autoren Xenophon, Vergil und Sueton gerühmt werden. Frau-
en, wie Cynisca durften sogar Pferdegespanne halten und sich an Wagenrennen beteiligen (vgl. Schlieben 1867, S. 53). Und wenn man dem persischen Dichter Nisami (1140–1202) glauben darf, wurde Polo, das klassi-

sche Spiel junger Offiziere und Adeliger, im alten Persien und in China auch von Frauen gespielt. Allem Anschein nach machten „diese zwitschernden Vögel gleich Tauben auf der Wiese" ihre Sache sehr gut. Denn sie „ritten wie Löwinnen in flammendem Eifer aufs Feld" und im Schießen waren sie so perfekt, dass ein männlicher Polospieler „nicht wert gewesen wäre, ihre Pferdedecke zu tragen" (zit. nach Pierson 2003, S. 44; vgl. Straaß/Lieckfeld 2004, S. 172). Auch als berittene Leibgarde wurden Mädchen im achten Jahrhundert von der böhmischen Fürstin Libussa eingesetzt, die, nach deren Tod von der Auflösung bedroht, eine Revolte anzettelten, die erst nach mehreren Jahren beendet werden konnte. Im ganzen Mittelalter war es üblich, dass Frauen adeliger Herkunft reiten konnten. Viele von ihnen nahmen auch an Jagden teil. So zum Beispiel auch bis ins hohe Alter von siebzig Jahren die englische Königin Elisabeth I. oder die beiden Gemahlinnen Kaiser Maximilians (1459–1519), die beide auf Jagdritten zu Tode stürzten. Als verwegene Reiterin war auch Sisi, die Kaiserin Elisabeth von Österreich, bekannt. In Amerika begleitete noch eine andere Frau mit gleichem Vornamen ihren Mann durch die wilden, einsamen Prärien des späten neunzehnten Jahrhunderts. Es war Elizabeth (Libbie) Custer, Ehefrau des bekannten Generals, der über sie an seinen Vater schrieb: „Du solltest sie einmal sehen, wie sie in einem derartigen Tempo über die texanischen Prärien reitet, dass sogar manche Stabsoffiziere zurückfallen" (zit. nach Pierson 2003, S. 45).

Und so ritten und reiten Frauen seit Jahrhunderten, wenn sie auch ihre Pferde nicht mit der Inbrunst des späten zwanzigsten Jahrhunderts liebten. Doch sie mussten mit der beginnenden Neuzeit eine Einschränkung hinnehmen, die erst im zwanzigsten Jahrhundert nach mühseligen Auseinandersetzungen wieder weggefallen ist. Um nicht als „eine wilde Kreatur mit einem schockierenden Mangel an Schamgefühl zu erscheinen" mussten die Damen in einem eigens für sie konstruierten Damensattel in ettikettmäßiger Haltung reiten (vgl. Abb. 22).

Graf Wrangel hat sich sogar in seinem zweibändigen *Buch vom Pferde* herabgelassen, auch dem reitenden schönen Geschlecht einige wohlgemeinte Ratschläge zu erteilen. Denn, wie er sagt, macht „nur zu oft auch die reizendste Amazone einen unbeschreiblich beängstigenden, Herz beklemmenden Eindruck auf den Fachmann" (Wrangel 1895, S. 335). Viel drastischer drückt sich zur selben Zeit, Ende des neunzehnten Jahrhunderts ein englischer Autor in einem populären Buch aus: „Um es nicht gerade gewählt auszudrücken, die Mehrzahl der Reiterinnen reitet grauenhaft; so schlecht, dass man angesichts der Seltenheit von Unfällen annehmen muss, dass sie den sprichwörtlichen besonderen Schutzengel besitzen, der über

Abb. 22: Fehlerhafter und korrekter Sitz der Dame beim Trab
(aus Wrangel 1895)

das Leben von Idioten und Betrunkenen wachen soll" (S. Sidney, The
Book of the Horse, zit. nach Pierson 2003). Beim Trab ist nach Wrangel
vor allem das „Aussitzen" verboten, da eine „Pfeffer-stoßende" Dame dem
Zuschauer ein lächerliches Jammerbild darbietet. Abgesehen von den Vorschriften für die elegante Bekleidung der Dame, ausgehend vom „Patent-
Sicherheits-Reitkleid", das erfunden worden war, damit die Reiterin für
den Fall einer unfreiwilligen Trennung vom Pferd nicht an den Sattelhör-
nern hängen blieb, bis zu den Handschuhen aus Hundeleder und dem
durch ein Gummibändchen am Haarschopf festgehaltenen Hütchen wurden

auch Regeln angegeben für Größe und Körper des Pferdes in Bezug auf die Gestalt der Reiterin: Eine korpulente Dame auf einem spindeldürren Klepper bietet z. B. ein ebenso lächerliches wie unschönes Bild. Für Matronen dieser Gattung sei ein massiver Kaltblüter wie geschaffen, „wohingegen schlanke Gestalten sich am vorteilhaftesten auf schnittigen Blutpferden ausnehmen". Eine präzise quantitative Regel für die Größenverhältnisse von Pferd und Reiterin stellte der englische Kapitän M. H. Hayes dahingehend auf, dass das Pferd einer 1,52 m messenden Dame eine Größe von 1,55 m haben soll und dass letzterem Maße für jeden zehnten Zentimeter, mit welchem die Dame die angegebene Größe übersteigt, 2,5 cm zuzulegen sei" (Wrangel 1895, S. 363). Auch für das sittsame Aufsitzen der Dame aufs Pferd gibt es Regeln. Um ein „mehr oder weniger unästhetisches Hinaufkrabbeln" zu vermeiden, bleibt nichts anderes übrig, als sich der Hilfe eines Reitknechts oder eines galanten Begleiters zu bedienen. Dieser muss sich bücken und den 30 cm vom Boden erhobenen Fuß der Reiterin mit seinen gekreuzten Händen unterstützen und sie auf das Kommando „ein, zwei, drei" in den Sattel heben. Anschließend hat der Begleiter „nur noch den Bügel auf den Fuß der Amazone zu setzen und das Reitkleid nach rückwärts glatt zu streichen". Reitet die Dame nicht nur im Schritt oder vorgeschriebenen Trab, sondern im Galopp, sind weitere Vorsichtsmaßnahmen als nur die korrekte Haltung nötig. Vor allem soll die Amazone, wenn sie merkt, dass sie nahe daran ist, die Gewalt über das Pferd zu verlieren, sich davor hüten, „dasselbe durch laute Notrufe noch mehr aufzuregen". Der Sitz der Dame, der ja die Anwendung einer doppelseitigen Schenkelhilfe ausschließt, ist nicht sehr sicher. Die Reiterin sollte sich bei einem stolpernden oder stürzenden Pferd, wenn sie abgeworfen wird, bemühen, möglichst schnell eine angemessene Entfernung zwischen sich und den Hufen des Pferdes zu schaffen. „Sollte es ihr aber gelungen sein, sich im Sattel zu halten", so gibt ihr Graf Wrangel den einsichtigen Ratschlag, „daselbst zu verbleiben, denn auf dem Pferd droht ihr unbedingt weniger Gefahr als unter demselben" (Wrangel 1895, S. 366). Doch gibt es auch Ausnahmen von dieser Regel, möglichst immer im Sattel zu bleiben: „Läuft beispielsweise das Pferd auf einen Wald oder eine Baumgruppe los, an der tief herabhängende Äste sichtbar sind, so wird es am geratensten sein, das Spiel aufzugeben. Die Reiterin nimmt dann schnell, aber ohne Überstürzung ihr rechtes Bein aus dem Horn, lässt den Bügel und die Zügel los, erfasst das obere Horn mit der rechten Hand, hebt mit der linken das vorher freigemachte Reitkleid in die Höhe und springt mit einem tüchtigen Satz so weit nach vorwärts, als ihr irgend möglich, aus dem Sattel" (Wrangel 1895, S. 364 f.). Man kann sich vorstellen, dass die Befreiung von dem Zwang des Damensattels, der erst 1928 im Turniersport endgültig verdrängt worden ist, ein „Sprung in die Freiheit" war (vgl. Straaß/Lieckfeld 2004, S. 180). Erst ab diesem Zeitpunkt waren Frauen im Reitsport den Männern gleichberechtigte Konkurrentinnen. Wer glaubt, dass Frauen von Natur aus nicht zu Konkurrenz neigen, war offenbar noch nie auf einem Reitturnier: „Da sieht man eine Reiterin mit gebrochenem Knöchel, so straff bandagiert, dass sie reiten kann, allerdings nicht straff genug, um den Schmerz zu ersticken, den sie jedes Mal empfindet, wenn sie den Fuß belastet, was etwa alle zwölf Sekunden geschieht". Man sieht auch eine andere Reiterin, die an der Konkurrenz teilnimmt, „obwohl ihr Gesicht eine Masse blauroter Blutergüsse, ihre Nase gebrochen und ihr Kopf um drei Größen angeschwollen ist" (Pierson 2003, S. 173). Aber auch für die Frauen hat der Galoppsport seine Unschuld verloren: „Peitschenschläger, Prügler, Misshandler, Sadisten, denen jedes Mitgefühl abhanden gekommen ist und eine gähnende Leere hinterlassen hat – alle diese Typen findet man auch in den Reihen der Frauen", wie eine Frau selbst, deren leidenschaftliche Pferdeliebe offenkundig ist, glaubwürdig zu berichten weiß (vgl. Pierson 2003, S. 152).

14. Das Pferd als Nahrung und Therapie

In den meisten Ländern der Welt wird, abgesehen vom Wildbret, nur noch Fleisch von Tieren verzehrt, die man eigens zur Fleischerzeugung aufzieht, wie z. B. Schweine, Rinder und Geflügel. Haustiere, wie Pferde, Hunde und Katzen, betrachten wir dagegen als Helfer und Gefährten und nicht als Nahrungsmittel. Pferdefleisch ist jedoch im Unterschied zu Hundefleisch und oder gar Katzenfleisch eine viel zu große Nahrungsressource, als dass sie ignoriert werden könnte. Hinzu kommt noch eine immer mehr sich steigernde Produktion von Renn-, Turnier- und Freizeitpferden, die im Zeitalter der Motorisierung zu keiner anderen Dienstleistung zu gebrauchen sind und nicht alle auf Tierschutz- und Gnadenhöfen untergebracht werden können, wenn sie alt und lahm geworden sind. Trotz der sehr engen Beziehung zwischen Mensch und Pferd muss man auch sehen, dass Pferdefleisch ein sehr hochwertiges Nahrungsmittel darstellt. Es zeichnet sich durch einen geringen Fett- und Cholesteringehalt aus, ist sehr eiweißreich, reich an ungesättigten Fettsäuren und Vitaminen und enthält wichtige Spurenelemente, insbesondere Magnesium, Eisen und Zink. Es wird daher auch dort, wo Pferdefleischessen verpönt ist, zumindest noch als Hunde- und Katzenfutter verwendet.

Es ist für den Freizeitreiter und die noch viel zahlreicheren Reiterinnen ein unerträglicher, an Kannibalismus grenzender Gedanke, dass ihr meist liebevoll betreutes Pferd auf dem Schlachthof endet und von anderen Menschen aufgegessen wird. Eine immer bedeutsamer werdende Funktion des heutigen Pferdes ruft aber geradezu unüberwindbare ethische Skrupel gegen den Verzehr von Pferdefleisch hervor: nämlich die Funktion des Pferdes als Therapeut für Behinderte und Helfer in der Erziehung zu menschlicher Partnerschaft.

Pferdefleisch: Die umstrittene Nahrungsressource

Mit dem Hunger und der Gier nach Fleisch begann vor Millionen Jahren die Geschichte der Beziehung von Mensch und Pferd. Der Mensch war gegenüber dem Pferd nichts anderes als ein Fleisch fressendes Raubtier, nur klüger und erfolgreicher als alle Carnivoren und auch klug genug, um dieses Beutetier nicht völlig auszurotten. Auch dann, als die Kraft und das Leistungsvermögen des lebendigen Pferdes als Kriegs- und Arbeitsmaschine erkannt und ausgenutzt wurde, ist das Pferd weiterhin besonders bei den asiatischen Reitervölkern, aber auch bei den Germanen und Kelten eine Nahrungsquelle geblieben. Auch im Mittelalter waren es die Steppenvölker, von denen Reisende, wie Marco Polo, berichten, dass sie Pferdefleisch aßen, während im christlichen Abendland seit dem Verbot, das Papst Gregor III. im Jahre 732 ausgesprochen hatte, das Essen von Pferdefleisch zurückgegangen ist. Es waren aber damals nicht ethische Skrupel, die heute viele Menschen vor dem Genuss von Pferdefleisch zurückschrecken lassen, sondern der eigentliche Grund für dieses Verbot war, dass in vielen heidnischen Religionen das Pferd als Opfertier geschlachtet und verzehrt worden ist. Hauptsächlich wegen dieser heidnischen Gebräuche wurde der Genuss von Pferdefleisch als gottlos und teuflisch gebrandmarkt. Die Kelten, die sogar eine eigene Pferdegottheit namens Epona hatten, widersetzten sich jedoch diesem von höchster Stelle ergangenen Verbot hartnäckig. Noch im 12. Jahrhundert wurde bei der Krönung eines irischen Königs eine weiße Stute gemäß den alten rituellen Vorschriften als Opfer dargebracht, zerlegt und gekocht und der neue Herrscher musste sich in den Sud setzen, das Pferdefleisch essen und die Brühe trinken (vgl. Morris 2001, S.190). Die heidnische Vorliebe für das Pferdefleisch überlebte mancherorts noch jahrhundertelang und starb auch in der christlichen Welt nicht völlig aus. So soll auf der Tafel der Mönche von St. Gallen noch im 10. Jahrhundert Pferdefleisch vorgekommen sein. Im 19. Jahrhundert geriet zwar das päpstliche Verbot zusammen mit seiner politisch-religiösen Rechtfertigung in Vergessenheit, es traten aber vor allem bei den reichen Bürgern und Adeligen emotional bedingte moralische Bedenken in den Vordergrund, die den Verzehr ihres treuen Reittieres und Kriegskameraden als Barbarei ansehen ließen. Lediglich die Ärmsten der Armen in den Städten und die Landbewohner, die unter den zahllosen Fehden und Kriegen des Adels zu leiden hatten, konnten es sich trotz allen Widerstrebens und Widerwillens nicht leisten, die Kadaver der kräftigen und fleischreichen Schlachtrosse, die auf dem Kriegsschauplatz zurückblieben, den wilden Tieren oder den Abdeckern zu überlassen. Und auch in den Kriegen des 19. Jahrhunderts war der Kamerad Pferd die letzte eiserne Reserve. So verhielt es sich auch bei der Belagerung von Metz im Deutsch-Französischen Krieg von 1870/71. Von den 25 000 Pferden, die mit den Bürgern und Soldaten eingeschlossen waren, wurden mehr als die Hälfte verspeist. Der Direktor der mit 13 000 Pferden arbeitenden Pariser Omnibusgesellschaft berief sich auf diese Erfahrungen bei der Belagerung von

Metz und wollte das Pferdefleisch nicht allein den Menschen vorbehalten. Er hielt das Fleisch gestürzter oder geschlachteter Tiere für ein geeignetes Pferdefutter, das gekocht oder roh mühelos verdaut werde, sogar besser und vollständiger als vegetabilische Futtermittel. Auch in anderen Großstädten, wie London war den gewöhnlichen Arbeitspferden ein friedlicher Tod verwehrt. Wenn sie nicht an Erschöpfung starben oder zu Tode geprügelt wurden, landeten sie beim Abdecker. Nichts wurde verschwendet: „Die Knochen wurden zu Dünger zermahlen, nachdem ihnen das Fett entzogen worden war, das für Kerzen und Lederöl Verwendung fand, aus Haut und Hufen wurde Kleister gemacht, aus einigen Knochen Knöpfe; Mähnen und Schweife wurden für Möbelpolsterung, Angelleinen und Geigenbögen verwendet; die Häute wurden zu Lederwaren verarbeitet und das Fleisch bekamen, zumindest in England, die Katzen und Hunde. Selbst die Hufeisen wurden abgenommen und wieder verwendet" (Edwards 1988, S. 183).

Interessanterweise fand der erste nennenswerte Versuch, den Genuss von Pferdefleisch in Europa wieder „salonfähig" zu machen, gerade in England statt. Dort wurde im Jahre 1868 ein eigener Verein „Die Gesellschaft zur Verbreitung des Pferdefleisches als Nahrungsmittel" gegründet, um den Ruf dieses Lebensmittels aufzubessern. In einem luxuriösen Londoner Hotel veranstalteten die Vereinsmitglieder ein besonderes Festessen, dessen detaillierte Abfolge in allen Zeitungen publiziert wurde: „Pferde-Consommé, Seezungenfilet in Pferdeöl, magere Pferdeleber-Terrine, gegrilltes Pferdefilet ‚Pegasus‘, Truthahn mit Rosskastanien, gefüllte Pferdelende ‚Centaur‘, Pferdeschmorbraten, Huhn mit Pferdeklauen garniert, Hackfleischklöße ‚Gladiator‘, Zunge à la Trojanisches Pferd, Hummer in Schindmährenöl und Pferdefußgelee in Maraschino. Am Büffett gab es Pferdekopf mit Gemüse garniert, Pferdelende und gekochten Widerrist" (Morris 2001, S. 191). Aber schon zuvor gab es in Deutschland eine Initiative zur Verteidigung des Pferdefleischessens, die von den Tierschützern ausging, was ein Widerspruch zu sein scheint. Die Idee des Tierschutzes war auch in London nicht unbekannt, wo es ähnliche Ansätze gab, aber einschneidend war die konsequente Vorgehensweise von Hofrat Perner, der im Jahre 1842 den „Münchner Verein gegen Thierquälerei" gründete, um gegen grausame Viehtransporte, Schlachtmethoden und Stierkämpfe vorzugehen. Perner ging so weit, dass er den Verzehr von Pferdefleisch empfahl, da man zu damaliger Zeit nur die Tiere pflegte und achtete, die verspeist wurden. Der Berliner Tierschutzverein gab 1905 ein Kochbuch zur Förderung der Hippophagie heraus, und die Berliner Pferdeschutzvereinigung errichtete im folgenden Jahr eine neue Pferdemästerei. Mit diesem Argument der Tierschützer, den Pferden als Fleischlieferant ein besseres Leben und einen sanfteren Tod zu ermöglichen, versuchte auch der Baseler Spezialarzt für Magen- und Darmkrankheiten Dr. med. L. Reinhardt im Jahre 1909 den Verzehr von Pferdefleisch in der Schweiz zu fördern: „Fände nun das wertvolle Fleisch den verdienten Absatz, so würden jährlich ungezählte tausende von um die Menschheit verdienten Pferden ein sanftes Ende beim Schlächter finden, die nun, weil sie keinen nennenswerten Fleischwert besitzen, bis auf den letzten Blutstropfen und bis zum endlichen Zusammenbrechen als Zugtiere ihren hartherzigen, oft auch pekuniär schlecht gestellten Brotherren dienen und unnötige Qualen durchmachen müssen, bis sie schließlich ihr Schicksal ereilt und der Tod als großer Wohltäter ihnen erscheint" (zit. nach Basche 1984, S. 53 f.).

In Frankreich und Italien setzte sich das Essen von Pferdefleisch bereits seit dem frühen 19. Jahrhundert durch. Dagegen wird das Pferdefleisch als Nahrungsmittel in Deutschland aus moralischen, ästhetischen oder gar hygienischen Bedenken eher selten genutzt. Dennoch gibt es einige Gerichte, die traditionell mit Pferdefleisch zubereitet werden, wie zum Beispiel der Rheinische Sauerbraten, während in Österreich Pferdeleberkäse und Fohlenschnitzel auch heute noch beliebt sind. Für die Vergabe von Lizenzen als Pferdemetzger bestanden im 19. Jahrhundert keine besonderen Anforderungen. Es wurde aber bis ins 20. Jahrhundert hinein den Pferdemetzgern eine Berechtigung zur Schweine- und Rinderschlachtung nicht zuerkannt und auch der Verkauf von Pferdefleisch zusammen mit anderen Fleischarten war verboten. Somit wurde Pferdefleisch in Deutschland fast ausschließlich von spezialisierten Pferdemetzgereien angeboten. Heute darf Pferdefleisch auch in einer normalen Metzgerei verkauft werden, ist dort jedoch eher selten im Angebot zu finden. Pferde werden in Deutschland auch heutzutage im Allgemeinen nicht zum Schlachten gezüchtet. Die in Deutschland geschlachteten Pferde stammen weniger aus landwirtschaftlichen Betrieben als vielmehr von Pferden, die aus Ehrgeiz und zum Vergnügen des Menschen im Sport bedenkenlos schwer geschädigt werden – so erleiden sie durch die intensive Belastung Sehnenschäden, Knochenverletzungen und Brüche – und deshalb getötet werden müssen. In den deutschen Schlachtbetrieben gelten jedoch strenge Regeln für tierschutzgerechtes Betäuben und Töten von Pferden (vgl. Merkblatt Nr. 90, Tierärztliche Vereinigung für Tierschutz e. V.). So schreibt die „Tierschutz-Schlachtverordnung" vor, dass Tiere „so zu betreuen, ruhig zu stellen, zu betäuben, zu schlachten oder zu töten sind, das bei ihnen nicht mehr als unvermeidbare Aufregung, Schmerzen, Leiden oder Schäden verursacht werden". Bei der Schlachtung von Pferden ist der Bolzenschuss mit anschließender Tötung durch Blutentzug oder durch die unmittelbare Anwendung eines Rückenmarkzerstörers zulässig. Bei der Durchführung der Bolzenschussbetäubung müssen bestimmte Vorkehrungen getroffen werden: Das Pferd muss ruhig stehen. Der Raum sollte das Pferd nicht beengen. An Halfter gewöhnte Tiere sollten am Halfter gehalten werden. Der Betäuber muss Platz zum Ausweichen haben, da das Pferd nach dem Schuss „wie vom Blitz getroffen" zusammenbricht und sofort anschließend starke Krämpfe mit Gliedmaßenbewegungen auftreten können. Der Bolzenschussapparat muss korrekt zwischen Augenmitte und Mitte des gegenüberliegenden Ohransatzes angesetzt werden. Wenn der Schuss 1 cm von der richtigen Stelle abweicht, wird das Gehirn nicht zerstört und das Tier nicht betäubt. Die Ausblutung hat beim Pferd spätestens 20 Sekunden nach dem Bolzenschuss durch einen Hals- oder Bruststich zu erfolgen. Denn Pferde, die geschossen und nicht sofort entblutet werden, können das Bewusstsein wieder erlangen und versuchen aufzustehen. Durch den starken Blutverlust wird die Sauerstoffversorgung des Gehirns unterbrochen. Wenn nicht sofort nach der Betäubung entblutet wird, muss der Rückenmarkzerstörer eingesetzt werden, der durch das Schussloch in Richtung auf den Schweif des Tieres eingeführt wird. Die Durchtrennung des Rückenmarks erfolgt durch mehrfaches Vor- und Zurückbewegen des Stabes im Rückenmarkskanal. Kurzzeitig können starke Krämpfe und Beinbewegungen auftreten. Aber ein Wiedererwachen des Tieres wird dadurch absolut verhindert.

Dass solche Vorschriften in anderen Ländern, wo gerade der Verzehr von Pferdefleisch das Übliche ist, nicht eingehalten werden, kann man heutzutage immer wieder durch Meldungen von Tierschutzorganisationen erfahren. Ein drastisches Beispiel ist die Behandlung der Haflinger Fohlen. In Österreich und Deutschland werden jeden Herbst über 3 000 Haflinger- und Norikerfohlen auf Pferdemärkten versteigert, von der Mutter getrennt, in Viehtransporter gestoßen und zum Schlachten gebracht, meist irgendwohin nach Italien, wo Pferdefleisch, vor allem das junger Tiere, als Delikatesse gilt. Ein Großteil der österreichischen Haflingerfohlen ist „Überschussproduktion", die durch die Zuchtideologie entsteht, niemals eine Stute „leer stehen" zu lassen, wenn man die schönsten Pferde produzieren will. 95 Prozent der Hengstfohlen und drei Viertel der Stutenfohlen, die den Schönheitskriterien – fuchsfarben, Mähne und Schweif völlig weißblond – nicht genügen, werden auf diese Weise, meist nach einer qualvollen langen Fahrt zu einem der Hochleistungsschlachthöfe, zum Tod verurteilt. Pferde gehören zu jenen Tieren, die sich am schlechtesten zum Transport eignen, weil sie nur schwer ihr Gleichgewicht halten können.

Ein Fohlen, das als freies Steppentier geboren wurde, wird alles tun, um nicht in den engen Transporter steigen zu müssen. Daher muss es oft geprügelt und mit Elektroschocks dazu gezwungen werden. Wenn es schließlich dann erschöpft und manchmal auch verletzt bei einem der Akkordschlachtbetriebe, wo jeder Arbeiter pro Minute ein Tier töten soll, ankommt, wird es gewaltsam in die Tötungsbox gezerrt, mit dem Bolzenschussapparat betäubt, mit einem Messer in den Hals gestochen und anschließend auf das Fließband geworfen. Die anderen Fohlen müssen das ganze Verfahren mit ansehen, während sie auf ihr eigenes Ende warten.

Seit dem Jahr 1980 wurden mehrere Millionen Pferde in den Vereinigten Staaten oder in Kanada geschlachtet, wobei das Fleisch vorwiegend für den Export nach Europa und nach Japan bestimmt ist. Ein Drittel aller Schlachtpferde in den USA sind Rennpferde oder solche, die zu Rennzwecken gezüchtet wurden. Bei den anderen Schlachtpferden handelt es sich vorwiegend um Turnierpferde, gemietete Freizeitpferde und ausgediente Touristenkutschenpferde. In früheren Zeiten waren es auch die Wildpferde des Westens, die auf brutalste Weise gejagt und gefangen wurden: „Mit Flugzeugen und Lastern und fünfzig Kilo schweren Reifen, die mit Lassos um ihre Hälse geschleudert wurden" (Pierson 2003, S. 136). Erst ein Gesetz, das die Mustangs zum nationalen Erbe erklärte, rettete die letzten Exemplare vor dem Aussterben. Viele Schweizer Pferdemetzgereien und Importeure bestätigen übrigens, dass das Pferdefleisch, das sie aus Amerika und Kanada importieren, auch von Pferden stamme, die gezielt zur Fleischgewinnung gezüchtet wurden. Trotzdem gibt es in dem riesigen Land USA nur fünf Schlachthöfe, die Pferde schlachten. Zwei davon liegen nahe beieinander in Texas. Das bedeutet, dass Schlachtpferde in den USA oft tagelang unterwegs sind, bis sie ihren Bestimmungsort erreichen. Auch in Kanada gibt es nur drei Schlachthöfe für Pferde, der eine liegt in Alberta, die anderen findet man in Quebec.

Fohlenfleisch, das aus Kanada importiert wird, stammt oft aus der Premarin-Industrie. Dieses Medikament ist ein Geschenk von trächtigen Pferdestuten. Zur Gewinnung des Grundstoffes für das Hormonpräparat Premarin müssen die Stuten trächtig sein. Die Tragzeit einer Stute beträgt 11 Monate. In dieser Zeit werden die Tiere von Oktober bis April in einem engen Standplatz angebunden. Mit einer fest ans Hinterteil gepressten Vorrichtung wird der östrogenreiche Urin aufgefangen. Während der Tragzeit von rund sieben Monaten sind die Stuten in ihren Ständen völlig eingeengt. Weder können sie sich bequem hinlegen noch ihren Kopf beim Schlafen zur Seite drehen. Damit der Urin in möglichst hoher Konzentration ausgeschieden wird, wird den Pferden Trinkwasser nur in kleinsten

Mengen gegeben. Dies wiederum führt zu Nieren- und Leberschäden, was den frühzeitigen Tod der Stuten nach sich ziehen kann. Die Fohlen sind dabei bloß ein unerwünschtes Nebenprodukt und werden daher an Fleischhändler verkauft.

Während in manchen Ländern wie in Italien, Frankreich oder Belgien Pferde speziell für die Fleischerzeugung gemästet werden und dort die Zuneigung zu Pferden und Pferdefleischkonsum keinen Widerspruch darzustellen scheint, fordern in Deutschland viele Pferdefreunde unter den Tierschützern immer wieder zum Freikauf von Fohlen und Pferden auf, um sie auf Gnadenplätzen unterzubringen, wohl wissend, dass solche Freikäufe das eigentliche Problem nicht lösen. Auch an Pferdefriedhöfe nach dem Vorbild von Hunde- und Katzenfriedhöfen wird gedacht.

Die Revolution der „Pferdeflüsterer"

Dass Pferde auf sanfte Behandlung nicht nur freundlich reagieren, sondern auch zum Menschen eine lebenslange freundschaftliche Beziehung eingehen, ist eine alte Einsicht, die schon in der Antike Xenophon bekannt war und durch viele berühmte und weniger bekannte Beispiele von Alexanders des Großen Bukephalos bis zu den unglücklichen Kriegspferden der beiden Weltkriege nachweisbar ist. Diese Einsicht wurde zwar mit den Gewaltmethoden, die in der Neuzeit bei der Dressur der Kriegspferde häufig angewendet wurden, in den Hintergrund gedrängt. Auch die Zähmung der verwilderten Pferde in Amerika ging nicht ohne Zwang und Brutalität vor sich. Vor allem aber waren die aus Brettern oder Baumstämmen errichteten Ringe, die im amerikanischen Westen dem „Brechen" der Wildpferde dienten, „ein Ort von Schmerzen und Tod" (Roberts 2004, S. 99). Das dort vor einigen Jahren als Gegenbewegung aufgekommene Schlagwort vom „Pferdeflüsterer", als dessen populärster Exponent der Kalifornier Monty Roberts angesehen wird, ist jedoch nicht neu.

Der „wahre Pferdeflüsterer" war ein Engländer namens James Sullivan, der am Beginn des 19. Jahrhunderts durch seine „märchenhaften Erfolge" als der „Whisperer" berühmt wurde. Nach Angaben des Grafen Wrangel (vgl. Wrangel 1895, S. 189) sollen sich Lord Rossmores Rainbow und der nicht minder gefürchtete King Pippin nach einer einzigen „Unterredung" mit dem Whisperer wie dressierte Pudel benommen haben. Sullivan behauptete, sein Geheimnis von einem Soldaten geerbt zu haben. Dieses Geheimnis scheint jedoch eher eine von der Natur aus gegebene „persönliche Kraft" gewesen zu sein, auch den bösartigsten Pferden „in einer ans Wun-

derbare grenzenden Weise zu imponieren". Der Whisperer Sullivan hatte
auch eine Reihe von Nachfolgern, unter ihnen auch eine Frau: Madame
Isabelle, die ebenfalls als erfolgreiche Pferdebändigerin zu dieser Zeit auf-
trat, und ein Mr. Rarey, dem kein noch so böses Pferd zu widerstehen vermochte. Und wenn von den heutigen so genannten „Pferdeflüsterern" behauptet wird, dass sie durchweg Leute sind, die über viele Jahre, oft ihr
ganzes Leben lang, sich mit Pferden beschäftigt haben und dass manche
von ihnen auch Wildpferde beobachtet haben, um das natürliche Verhalten
von Pferden zu verstehen, so gab es auch in dieser Hinsicht Vorläufer. Ein
Beispiel dieser Art kann man ebenfalls in dem *Buch vom Pferde* des Grafen Wrangel nachlesen: Monsieur Cariés, ein Franzose, der durch die ge-
lungene Zähmung dreier Zebras berühmt geworden war, wurde von dem
Pferdezüchter Paul Aumont um Hilfe gebeten, um einen seiner Hengste zu
zähmen. Trocadéros Wildheit hatte solche Dimensionen angenommen,
dass es lebensgefährlich war, seine Box zu betreten. Als Cariés die Box
des Hengstes betrat, stürzte sich dieser mit weit aufgerissenem Maul und
wildem Wiehern auf ihn. Geschickt warf sich Cariés auf die Seite und ver-
harrte furchtlos in der Box. „Plötzlich" berichtet Graf Wrangel, „blieb Trocadéro stehen, wie um seinen Gegner näher anzusehen." Der Punkt war offensichtlich erreicht, an dem er erkannte, dass seine gewöhnliche Kampfweise keinen Eindruck mehr hinterließ: „Es bereitete nun keine weiteren
Schwierigkeiten, ihm Kappzaum und Gurte aufzulegen, und willig ließ
sich der jüngst noch so unbändige Hengst in jeder beliebigen Richtung herum führen" (Wrangel 1895, S. 190 f.). Jedem Anhänger der heutigen
„Pferdeflüsterei" muss wohl in dieser Beschreibung der geradezu blitzarti-
gen Zähmung des Hengstes Trocadéro die Ähnlichkeit mit jenem Moment
auffallen, den Roberts „Join up" nennt. Denn Roberts Methode besteht darin, das Pferd in einem runden Drahtverhau zunächst mit wilden Gebärden
einzuschüchtern, um ihm dann in dieser Stress- und Zwangssituation Kooperation anzubieten. Das eben noch widerspenstige Pferd nähert sich
dann Roberts und folgt ihm fortan, wohin er auch geht. In dieser bedrängten Situation, umgeben von einem Drahtverhau, hinter dem sich meist eine
zahlreiche Menge gaffender Zuschauer befindet, bleibt dem armen Pferd,
das nirgendwo einen Fluchtweg hat, ja nichts anderes übrig, als dem einzigen Lebewesen, mit dem es überhaupt kommunizieren kann, zu gehorchen. Dabei ist natürlich keine eigene Sprache nötig, wie die von Roberts
verwendete Bezeichnung „Equus-Sprache" oder „Pferdisch" irreführender-
weise nahe legt. Denn Laute spielen, wie auch der Pferdeflüsterer weiß, im
Kommunikationssystem der Pferde keine zentrale Rolle (vgl. Roberts
2005, S. 36). Es gibt zwar, wie die moderne Verhaltensforschung erkannt

hat, ein geringes Laute-Repertoire, das von den Pferden in der innerartlichen Kommunikation angewandt wird und das vom Schnauben und Blasen über bestimmte Weisen von Wiehern, (Begrüßungswiehern, Werbungswiehern, Ortungswiehern) bis zum kämpferischen Röhren und Schreien reicht, das jedoch bei domestizierten Pferden selten ist oder überhaupt nicht vorkommt (vgl. Morris 2001, S. 38). Aber das eigentliche Kommunikationssystem der Pferde ist eine „Körpersprache". Pferde signalisieren mit der Stellung der Ohren, des Schweifes und der Beine aber auch mit ihrem Gesichtsausdruck, was sie erkennen, fühlen und wollen.

Den Pferdeflüsterern geht es jedoch weniger um die Kommunikation der Pferde untereinander, um deren Verständnis sich die moderne Verhaltensforschung kümmert, sondern darum, wie der Mensch mit seiner Körpersprache, d. h. mit seinem Auftreten dem Pferd gegenüber – wenngleich auf sanfte und nicht brutale Art – Macht gewinnt. Nicht nur viele Freizeitreiter und Freizeitreiterinnen, die meist zu wenig Zeit für ihre Pferde und für die eigene Reitausbildung haben, nehmen daher Roberts Ideen begeistert als eine Kurzanleitung zur Verständigung mit dem Pferd auf. Sie hoffen, die angebliche Pferdesprache erlernen zu können, um auf diese Weise ihre hohen Ansprüche an das Tier mühelos und ohne Zeitaufwand verwirklichen zu können. Hand in Hand mit dieser Zielsetzung der Pferdeflüsterer ging von Anfang an der Plan, diesen partnerschaftlichen Umgang zwischen Mensch und Pferd auf zwischenmenschliche Beziehungen zu übertragen. Vor allen waren es Trainingskurse für Manager und Führungskräfte, die durch den Umgang mit Pferden den Umgang mit ihren Mitarbeitern erlernen sollten. Ausgehend von den USA, wo bereits große Konzerne ihre Führungskräfte in Schulungen mit Pferden schicken, ist seit den späten neunziger Jahren auch in Deutschland aus solchen Seminaren für Führungskräfte ein einträglicher Geschäftszweig geworden, der bereits skurrile Auswüchse aufweist. So treten bereits „Pferdeschamanen" auf, die behaupten, durch den Kontakt zu Pferden Verbindung zur Geisterwelt herstellen zu können und die, misstrauisch von den Sektenbeauftragten der Kirchen beobachtet, fragwürdige Rituale mit Pferden veranstalten.

Unbestritten ist zwar, dass der Kontakt zu Pferden und der Umgang mit ihnen eine Reihe von Anknüpfungspunkten für das korrekte Verhalten einer Führungskraft zu seinen Mitarbeitern liefern kann, wie überhaupt die soziale Intelligenz auch von anderen Tieren, wie z. B. von Hunden, die Entwicklung des Menschen maßgeblich beeinflusst hat (vgl. Oeser 2004). So liefert das Partnerschaftstraining mit Pferden vor allem ein gutes Stück Selbsterkenntnis. Denn das Pferd ist, wie bereits der deutsche Rittmeister und Dichter Rudolf G. Binding Anfang des 19. Jahrhunderts in seiner *Reit-*

vorschrift für eine Geliebte festgestellt hat, eine Art von Spiegel für den Menschen: „Es schmeichelt dir nie. Es spiegelt dein Temperament, und es spiegelt deine Schwankungen." So spiegelt auch das Trainingspferd das Verhalten des Managers wider, indem es auf mangelnde Autorität, Unsicherheit im Auftreten und auf Unklarheit und Unentschlossenheit in der Aufgabenstellung mit Ablehnung und Ungehorsamkeit reagiert. Inwieweit jedoch ein gestresster und für Führungsaufgaben ungeeigneter Manager, dem der Angstschweiß vor dem an Volumen und Körperkraft überlegenen Tier auf der Stirn steht, durch diese besondere Art der Therapie zu einer Führerpersönlichkeit werden kann, ist jedoch fraglich. Niemand fragt aber in solchen Fällen nach der Befindlichkeit des so missbrauchten Pferdes. Denn Pferde leiden stumm.

Therapeutisches Reiten

Viel ernster als diese zum Teil sehr spektakulär propagierten Trainings- und Therapiemethoden mit Pferden zur Verbesserung der menschlichen Kommunikation und Partnerschaft ist die so genannte „Hippotherapie", das therapeutische Reiten mit Kranken und Behinderten, zu nehmen. An verschiedenen Orten und zu verschiedenen Zeiten entdeckten Ärzte, Ärztinnen und Physiotherapeuten die ausgleichende Wirkung der rhythmischen Bewegung bei verschiedenen orthopädischen Störungen und Krankheitsbildern. Dabei muss der Patient selbst nicht reiten können. Denn er sitzt nur passiv auf dem Pferd, das im Schritt herumgeführt wird. Vom Pferderücken aus werden dann Schwingungen auf den Patienten übertragen, nämlich die Bewegungen auf/ab, vor/zurück und links/rechts. Die dadurch entstehenden Impulse ermöglichen ein gezieltes Training der Haltungs-, Gleichgewichts- und Stützreaktionen. Eingesetzt wird die Hippotherapie bei bestimmten Erkrankungen und Schädigungen des Zentralnervensystems und des Stütz- und Bewegungsapparates. Dadurch, dass der Patient auf die Impulse reagiert, die er auf dem Rücken des sich im Schritt bewegenden Pferdes erhält, tritt eine nachhaltige Verbesserung seiner eigenen motorischen Fähigkeiten ein. Auf diese Weise kann vor allem auch eine gestörte oder verloren gegangene Gehfähigkeit verbessert oder wiedererlangt werden. Denn der Mensch erfährt auf dem Rücken eines Therapiepferdes fast dieselben Beschleunigungsimpulse wie beim selbstständigen Gehen. Hinzu kommt aber vor allem auch die Freude, mit einem hilfreichen lebenden Wesen in Kontakt zu kommen. Die eigens dazu ausgewählten und ausgebildeten Therapiepferde zeichnen sich durch besondere

Sanftmut und Gehorsam aus. Der Umgang mit einem solchen stets hilfsbereiten Wesen übt daher auch auf verhaltensgestörte, lern- oder geistig behinderte sowie psychisch kranke Menschen eine günstige Wirkung aus. Daher wird das therapeutische Reiten zunehmend auch in der Pädagogik, der Psychologie und bestimmten Bereichen der Psychiatrie angewendet. Der Umgang mit dem speziell ausgebildeten Pferd hilft sowohl Kindern und Jugendlichen als auch Erwachsenen mit Ängsten, Frustrationen und Depressionen fertig zu werden. Traumatisierte Unfallopfer können auf diese Weise bedrohliche körperliche und psychische Blockaden überwinden. Die Konzentrationsfähigkeit wird geschult und verbessert. Vertrauen wird aufgebaut und das verloren gegangene Selbstbewusstsein und Selbstwertgefühl wieder in angemessener Weise erlangt.

Das Ende des Pferdezeitalters scheint daher noch lange nicht gekommen zu sein. Motorisierung und Kriegstechnik haben zwar die Knechtschaft der Arbeitspferde und die Sklaverei der Kriegspferde als Söldner menschlicher Machtgier beseitigt, doch die Pferde haben neue Aufgaben in Freizeit, Sport und Therapie bekommen, die ihrer Wesensart viel mehr entsprechen und von denen zu hoffen ist, dass sie ihre Zukunft freundlicher als ihre Vergangenheit gestalten werden.

15. Schlussbemerkungen

Die bereits mehrere Jahrtausende andauernde Nutzung des Pferdes als Reit- und Zugtier, hat zur Ansicht geführt, dass Pferde ihrem Wesen nach zu nichts anderem geschaffen seien, als einen Reiter zu tragen oder einen Wagen hinter sich herzuziehen. Und weil sie intelligent genug sind, um zu erkennen, was man von ihnen will, und fast immer „dumm" genug, um es auch wirklich zu tun, hat man geglaubt, dass die Seele des domestizierten Pferdes durch Unterwerfung und Gehorsam gegenüber dem Menschen gekennzeichnet sei. Aber kein Pferd ist von Natur aus dazu geboren, einen Menschen auf dem Rücken zu tragen, schwere Lasten zu schleppen oder viele Stunden lang allein und isoliert von seinen Gefährten in einer Stallbox zu stehen oder noch viel schlimmer in einem engen Fahrzeug über viele Hunderte oder Tausende von Kilometern transportiert zu werden. All das ist nicht ohne Zwang möglich, der selbst bei Freizeitreitern und Reiterinnen, die lieber verhungern würden als Pferdefleisch zu essen, nicht gänzlich vermieden werden kann.

Dass sich das Pferd diesem Zwang fügt und dem Menschen gegenüber sogar Freundschaft und Anhänglichkeit zeigt, hat seinen Grund in einer diesem Herdentier angeborenen außerordentlichen Geselligkeit, bei der Freundschaft mehr zählt als Vorherrschaft. Die mit dem Begriff „Leithengst" verbundene, weit verbreitete Vorstellung, dass in einer Pferdeherde ständig Rangkämpfe stattfänden oder dass es wie im Hühnerhof eine „Hackliste", d. h. ein festes System von Dominanz und Unterordnung gäbe, hat sich schon längst als zu einfach erwiesen. Pferde sind in vielfacher Weise aufeinander angewiesen und gehen untereinander sehr enge freundschaftliche Beziehungen ein. Ein Ausdruck dafür ist die gegenseitige Körperpflege, die bereits von den Fohlen nach der ersten Lebenswoche ausgeübt und das ganze Leben beibehalten wird. Schon Darwin hat darauf hingewiesen, dass sich Pferde gegenseitig das Fell benagen. Dass es sich dabei nicht nur um einen angeborenen Instinkt, sondern auch um einen elementaren Ausdruck der Zuneigung handelt, geht schon daraus hervor, dass sie sich auch dann das Fell kraulen, wenn es gar keiner Pflege bedarf. Diese Zuneigung der Pferde untereinander kann deswegen auch auf Menschen übertragen werden, weil Pferde kein angeborenes Arterkennungsvermögen besitzen. Junge Fohlen folgen nicht nur ihrer Mutter, sondern auch anderen größeren sich bewegenden Objekten, wie anderen Tieren und auch Menschen. Dieser Umstand und der sanftmütige und gesellige Charakter des Pferdes haben es dem Menschen erleichtert, aus ihm ein Haus- und Nutztier zu machen.

Die entbehrungsreiche und blutige Zeit der Arbeits- und Kriegspferde ist zwar vorbei, trotzdem wird man auch heute dem geselligen Wesen des Pferdes nicht völlig gerecht werden können. Denn im Unterschied zum Hund, der mit seinen ihm befreundeten Menschen im gleichen Haus wohnen und oft sogar im gleichen Bett schlafen darf, wird gerade das so gut gepflegte und ernährte Renn- oder Freizeitpferd unserer Tage in einem Stall abgestellt, wo es oft die ganze Woche lang allein ohne Auslauf und Kontakt zu anderen Pferden verbringt. Erträglich ist diese zum Teil trostlose Existenz für das heutige Hauspferd, weil ihm die Erinnerung an das freie und ungebundene Steppenleben seiner wilden Vorfahren schon längst abhanden gekommen ist. Die Gemeinschaft mit dem Pferd war zwar für den kulturellen und wirtschaftlichen Aufstieg des Menschen und seiner Verbreitung und Herrschaft über die ganze Erde eine unabdingbare Notwendigkeit. Doch nach all dem, was ihm vom Menschen angetan wurde und auch heute noch angetan wird, stellt sich die Frage, ob es für das Pferd nicht besser gewesen wäre, wenn es dem Menschen nie begegnet wäre.

Literatur

Abou Bekr ibn Bedr: Le Naceri, trans. M. Perron. Paris 1860.

Altrock, A. von; Briese, A.: Tierschutzgerechtes Betäuben und Töten von Pferden. TVT Merkblatt Nr. 90. Oktober 2001.

Antonius, O.: Die Abstammung des Hauspferdes und des Hausesels. Die Naturwissenschaften 6, S. 13–18, 32–34. (1918–1922).

Arrianus, F. Anabasis Alexandru. Hrsg. v. Abicht. Berlin 1876.

Basche, A.: Die Geschichte des Pferdes. Künzelsau 1999.

Bauer, H.: Das Buch vom Pferde. Leipzig 1954.

Baum, M.: Das Pferd als Symbol. Zur kulturellen Bedeutung einer Symbiose. Frankfurt a. M. 1991.

Becker, K. F.: Weltgeschichte. Stuttgart 1884.

Bewick, Th.: A General History of Quadrupedes. London 1811.

Böhm, W.: Ross und Reiter. Hildesheim 1996.

Bölsche, W.: Das Pferd und seine Geschichte. Berlin 1909.

Börne, L.: Monographie der deutschen Postschnecke. Beitrag zur Naturgeschichte der Mollusken und Testaceen. (1821). In: Gesammelte Schriften. Erster Band, S. 50–70. Leipzig o. J.

Brehm, A. E.: Brehms Thierleben. Allgemeine Kunde des Thiereiches. Erster Band, 2. Aufl. Leipzig 1876.

Buffons sämmtliche Werke samt den Ergänzungen, nach der Klassifikation von G. Cuvier. Einzige Ausgabe in deutscher Übersetzung von H. J. Schaltenbrand. Vierfüßige Tiere. Erster Band, 2. Aufl., Cöln 1847.

Castillo, B. D. del: The True History of the Conquest of New Spain. Printed for the Hackluyt Society. London 1910.

Columbus, Chr.: Das Bordbuch 1492. Leben und Fahrten des Entdeckers der Neuen Welt in Dokumenten und Aufzeichnungen. Hrsg. u. bearb. von R. Grün. Tübingen und Basel 1974.

Columella, L. I. M.: Zwölf Bücher über Landwirtschaft. Hrsg. u. übers. v. W. Richter. München und Zürich 1982.

Coren, S.: Die Intelligenz der Hunde. Reinbeck bei Hamburg 1995.

Curtius Rufus: De rebus gestis Alexandri Magni, regis Macedonum. Delphis & Lugd. Bat. 1724.

Curtius Rufus: Von dem Leben und den Thaten Alexanders des Großen. Übers. von J. P. Ostertag. Frankfurt a. M. 1783.

Darwin, Ch.: Das Variiren der Thiere und Pflanzen im Zustande der Domestication. 2 Bde. Stuttgart 1878.

Daumas, E.: Die Pferde der Sahara. Aus dem Französischen von Carl Graefe. Berlin 1853.

Dechamps, B.: Über Pferde. Beitrag zur Geschichte des Pferdes. Berlin. 1957.

Dobie, J. F.: Große wilde Freiheit. Die Geschichte der Mustangs. Stuttgart 1956.

Edwards, E. H.: Pferde. Begleiter des Menschen durch die Geschichte. Rüschlikon-Zürich/ Stuttgart/Wien 1988.

Gleß, K.: Rosse, Reiter, Fuhrwerksleut – Das Pferd im Transportwesen. Berlin 1986.

Gmelin, S. G.: Reise durch Russland. Moskau 1768–1769.

Gordon, W. J.: The Horse World of London. London 1893.

Griffin, D. R.: Wie Tiere denken. München 1990.

Grisone, F.: Hippokomike. Künstlicher Bericht und allerzierlichste beschreybung: Wie die Streitbarn Pferdt (durch welche Ritterliche Tugendten mehrers thails geübet) zum Ernst und Ritterlicher Kurtzweil geschickt und volkommen zu machen. In sechs Bücher bester Ordnung, wolverstendlichem Teutsch und zierlichen Figuren (mit anhengung etzlicher Kampfstuck) dermassen in druck verfertiget, das dergleichen in Teutschland niemals ersehen worden. Durch Johann Fayser. Augsburg 1570 (Nachdruck: Hildesheim, New York 1972).

Guérinière, F. R. de la: Ecole de Cavalerie. Schule der Reitkunst enthaltend die Kenntnis, Erziehung und Wartung des Pferdes. Übers. von Oberst Siegfried von Haugk. Berlin 1932.

Gundlach, H.: Carl Stumpf, Oskar Pfungst, der Kluge Hans und eine geglückteVernebelungsaktion. (Vortrag auf dem Symposion des Instituts für Psychologie der Humboldt-Universität zu Berlin am 10. 12. 2004: Grips und Tricks − 100 Jahre Diskussion über Intelligenzleistungen bei Tieren seit dem „Klugen Hans").

Herodots Geschichte. Aus dem Griechischen übers. v. J. F. Degen. Wien 1794.

Hutten-Czapski, M. Graf v.: Die Geschichte des Pferdes. Nach des Verfassers Tode aus dem Polnischen ins Deutsche übersetzt v. Ludwig Koenigk und hrsg. v. B. Graf v. Hutten-Czapski. Berlin 1876. (Nachdruck: Leipzig 1985).

Hyland, A.: The Medieval Warhorse from Byzantium to the Crusades. Gloucestershire 1994.

Ibn Hodeil: La Parure des cavaliers et l'insigne des preux, trans. Louis Mercier. Paris 1924.

Klingel, H.: Das Verhalten der Pferde. In: Handbuch der Zoologie. Eine Naturgeschichte der Stämme des Tierreiches − 8. Band/49. Lieferung. Berlin 1972.

Krall, K.: Denkende Tiere. Beiträge zur Tierseelenkunde auf Grund eigener Versuche. 4. Aufl. Leipzig 1912.

La Règle du Temple 77 Librairie Renouard. Paris 1886.

Linné, C.: Systema naturae. Editio decima tertia, aucta, reformata. Cura Jo. Frid. Gmelin. Lugduni 1789.

Livius, T.: Römische Geschichte. Übers. v. Dr. Oertel. Stuttgart 1840.

Lorenz, K.: Vergleichende Verhaltensforschung. Grundlagen der Ethologie. München 1982.

MacFaden, B. J.: Fossil Horses − Evidence for Evolution. In: Science Vol. 307, March 2005.

Meyer, H.: Geschichte der Reiterkrieger. Stuttgart 1982.

Morris, D.: Horsewatching. Die Körpersprache des Pferdes. München 2001.

Nobis, G.: Beiträge zur Abstammung und Domestikation des Hauspferdes. Z. Tierzücht. Züchtungsbiologie 64, S. 201–246.

Norman sen., Graf von: Kriegskamerad Pferd. Kriegsteilnehmer erzählen Erlebnisse mit Pferden aus dem großen Krieg. Berlin. 1938.

Oeser, E.: Das selbstbewusste Gehirn. Perspektiven der Neurophilosophie. Darmstadt 2006.

Oeser, E.: Hund und Mensch. Die Geschichte einer Beziehung. Darmstadt 2004.

Oeser, E.: Katze und Mensch. Die Geschichte einer Beziehung. Darmstadt 2005.

Pfungst, O.: Das Pferd des Herrn von Osten (Der kluge Hans). Ein Beitrag zur experimentellen Tier- und Menschenpsychologie. Mit einer Einleitung von Prof. Dr. C. Stumpf. Leipzig 1907.

Piekalkiewicz, J.: Pferd und Reiter im II. Weltkrieg. München 1976.

Pierson, M.: Frauen und Pferde. München. Zürich 2003.

Planitz, H. Edler v. d.: Die Tiere im Dienst der Kriegsführung. In: Kraemer, H. (Hrsg.): Der Mensch und die Erde. Berlin/Leipzig 1906.

Plutarch: Opera quae extant omnia. 2 Vol. Frankfurt 1620.

Plutarch: Biographien des Plutarch. Mit Anmerkungen von Gottlob Benedict von Schirach. Fünfter Teil. Berlin/Leipzig 1778.

Pluvinel, A. de: L'instruction du Roy, en l'Exercice de Monter à Cheval. Reitkunst Herrn Antonij de Pluvinel, darinnen er die jetzo regierende Kön. Mayst. in Frankreich Ludouicum XIII. underwiesen. Franckfurt am Mayn. In Verlegung Matthaei Merian 1628. (Facsimile No. 590, Rotterdam 1971).

Prescott, W.: Die Eroberung Perus. Leipzig 1975.

Prinz, W.: Messung kontra Augenschein. Oskar Pfungst untersucht den Klugen Hans. (Vortrag auf dem Symposion des Instituts für Psychologie der Humboldt-Universität zu Berlin am 10. 12. 2004: Grips und Tricks – 100 Jahre Diskussion über Intelligenzleistungen bei Tieren seit dem „Klugen Hans").

Roberts, M.: Das Wissen der Pferde. Bergisch Gladbach 2000.

Roberts, M.: Die Sprache der Pferde. Bergisch Gladbach 2005.

Rosenthal, R.: Experimentor effects in behavioral research. New York 1996.

Scheitlin, W.: Versuch einer vollständigen Thierseelenkunde. Erster und Zweiter Band. Stuttgart/Tübingen 1840.

Schlieben, A.: Die Pferde des Alterthums. Unveränderter Neudruck der Ausgabe von 1867. Wiesbaden 1969.

Schoenbeck, R.: Die Verwendung der Tiere zu Sportzwecken. In: Kraemer, H. (Hrsg.): Der Mensch und die Erde. Zweiter Band. Berlin, Leipzig 1906, S. 92.

Sebeok, T. A. u. Rosenthal, R. (Hrsg.): The Clever Hans Phenomenon. Communication with Horses, Wales, Apes, and People. In: Annals of the New York Academy of Sciences (Vol. 364). New York 1981.

Simpson, G. G.: Pferde. Die Geschichte der Pferdefamilie in der heutigen Zeit und in sechzig Millionen Jahren ihrer Entwicklung, aus dem Englischen übertragen von Joachim Schellack. Berlin 1977.

Sommer, R.: Dreidimensionale Analyse von Ausdrucksbewegungen. Zeitschrift für Psychologie und Physiologie der Sinnesorgane 1898, 16, S. 275–297.

Sommer, R.: Tierpsychologie. Leipzig 1925.

Stael, Madame de: Corinna oder Italien. Übers. von Fr. Schlegel. Leipzig o. J.

Straaß, V. u. Lieckfeld, C.-P.: Mythos Pferd. München/Wien/Zürich 2004.

Verne, J.: La Découverte de la terre. Paris 1878.

Vilà, C., Leonard, J. A., Göterström, A., Markl, S., Sandberg, K., Lidén, K., Wayne, R. K. u. Ellegren, H.: Widespread origins of domestic horse lineages. Science 2001/291, S. 474–477.

Wasmann, E. S. J.: Instinkt und Intelligenz im Tierreich. Freiburg i. Br. 1905.

White, J.: History of England. London 1858.

Wrangel, C. G.: Das Buch vom Pferde. 2 Bände, 3. Aufl. Stuttgart 1895.

Xenophons sämtliche Schriften. Aus dem Griechischen übersetzt von August Christian Borhek. Wien und Prag 1801.

Xenophon: Hipparchikus oder Von den Obliegenheiten eines Reiterobersten und Über die Reitkunst. Aufs neue übersetzt von Christian Heinrich Dörner. 3. Aufl. Berlin-Schöneberg 1917.

Xenophontis opera Graece et Latine ex recensione Eduardi Wells. Accedunt dissertationes et notae virorum doctorum cura Caroli Aug. Thieme. Vol. IV. Lipsiae 1764, S. 597–668.

Zeuner, F. E.: Geschichte der Haustiere. München/Basel/Wien 1967.

Zola, E.: Germinal. Übers. v. H. Spencer. Leipzig o. J.

Register

Namen

Sachen